베이직 업스타일 프로
BASIC UPSTYLE PRO

저자 프로필

이 재 숙
- 現) 광주여자대학교 미용과학과 교수
- 미용기능장, 이용기능장

김　환
- 現) 김환헤어 대표
- 前) 광주여자대학교 미용과학과 교수
- 열두손가락 업스타일 저자

우 선 제
- 우선제 헤어루시 원장

김 용 순
- 現) 루디아 헤어 디자인 아카데미 원장
- 現) 대전보건대학교 겸임교수
- 前) 광주여자대학교 미용과학과 겸임교수
- 미용기능장, 이용기능장

전 소 리
- 現) 서경대학교 외래교수
- 前) 광주여자대학교 미용과학과 겸임교수
- 미용기능장, 이용기능장

문 소 희
- 現) 광주대학교 뷰티미용학과 외래교수
- 現) 초당대학교 뷰티디자인학과 외래교수
- 現) 계명문화대학교 헤어디자인과 겸임교수
- 現) 전북대학교 상과대학 뷰티화장품과 외래교수
- 前) 광주여자대학교 미용과학과 겸임교수

머 리 말

인간은 사회적 동물이다. "사람과 사람의 만남"의 첫 출발점은 나로부터 시작된다. "나"라는 사람을 규정하고, 새로운 관계를 형성하는데 있어 가장 중요한 부분이 얼굴이며, 그 사람의 얼굴이 주는 첫인상을 규정해 주는 것이 헤어디자인이다.

"헤어디자인"은 단순한 헤어스타일을 뛰어넘어 인간의 삶을 하나의 맥락으로 역사, 사회, 문화, 예술 일반에 나타난 다양성의 표현방식인 트렌드를 통해 그 시대의 문화정신을 반영한다. 이처럼 헤어디자인은 인체에 심미적, 실용적, 예술적, 문화적 가치를 부여하는 제 요소들을 종합하여 개인의 조건에 가장 적합한 특성을 창출하는 지적 조형 활동으로 정의된다.

헤어디자인의 대표적인 장르인 업스타일은 얼굴을 비롯한 신체적 조건과 그에 따른 이미지를 심미적으로 표현할 수 있는 미용인의 능력에 의해 창출되는 창조활동이다.

업스타일은 과거에는 예식이나 중요한 행사에만 사용되었으나 시대의 흐름에 따라 인간의 미적 본능의 욕구가 다양화됨에 따라 업스타일도 다양하게 변화되어 왔다. 이처럼 업스타일은 시대의 흐름에 따라 형식과 내용이 다양하게 변화하였지만, 어느 시대에서나 헤어디자이너의 풍부한 감성과 창의력, 그리고 기술력을 가장 필요로 하는 분야이다.

따라서 업스타일은 감성과 창의성, 기술력을 바탕으로 하기 때문에, 기초에 충실하지 않고서 는 다양한 업스타일을 연출할 수가 없다. 이에 본서에서는 초판에서 아쉬웠던 부분을 일부 보완하고, 실무에서의 트렌디한 작품을 일부 첨부하여 헤어디자인의 입문자부터 전문 헤어디자이너에 이르기까지 아우르고자 노력하였다.

이에 본서에서는 헤어디자인의 입문자부터 전문 헤어디자이너에 이르기까지, 그리고 교육 현장 및 미용 산업 현장에서도 체계적인 방법으로 전달될 수 있도록 구성함으로써, 업스타일의 기본 이론과 기법부터 다양한 기법을 망라한 응용에 이르기까지 시술 테크닉과 일련의 시술 과정을 상세하게 수록하여 누구나 쉽게 업스타일의 이론과 기술을 정립할 수 있게 함으로서 현장에서 고객에게 바로 적용 및 응용할 수 있도록 구성하여 본 교재를 접한 모든 미용인 들이 꿈을 실현하는데 조금이라도 도움이 되기를 바라는 마음을 담았다

바쁜 일정 가운데서도 마음을 합하여 교재의 완성도를 높여준 공동 집필자와 촬영에 도움주신 최동화 사장님, 본 교재가 출간될 수 있도록 애정을 가지고 지원해주신 도서출판 구민사의 조규백 사장님과 직원 여러분께 진심으로 깊은 감사를 드린다.

공동저자

Contents

제1장 이론편

1. 업스타일의 정의 10

2. 업스타일의 의의 10

3. 업스타일의 특성 11

4. 업스타일의 디자인 12

(1) 고객정보(욕구과정) 12

5. 업스타일의 디자인 구성요소 14

(1) 디자인 3요소 14

(2) 방향 16

(3) 크기 16

6. 업스타일의 구성 원리(디자인법칙) 17

(1) 균형 17

(2) 통일 18

(3) 조화와 비조화 18

(4) 변화 19

(5) 비례 19

(6) 율동 19

(7) 반복 20

(8) 강조 20

(9) 착시 20

BASIC UPSTYLE PRO

7. 업스타일에 필요한 도구와 제품 22

(1) 꼬리빗(Anal comb) 22
(2) 스타일링 빗(Styling comb) 22
(3) 브러쉬(Brush) 23
(4) 핀(Pin) 24
(5) 고무줄(Rubber band) 24
(6) 왁스 25
(7) 스프레이 25
(8) 싱 25
(9) 망 25

8. 업스타일을 위한 준비와 실제 26

(1) 세팅(Setting) 26
(2) 백콤(Back comb) 28
(3) 핀꽂기 35
(4) 묶기 38
(5) 토대(Base) 40
(6) 망 사용방법 41
(7) 응용 테크닉 41
(8) 상위 업스타일과 하위 업스타일 47

9. 업스타일 시 고려 사항 52

(1) 고객 정보 파악 52
(2) 얼굴형에 따른 형의 보완과 볼륨 52
(3) 포인트의 위치 55
(4) 모발에 나타나는 선과 성질 56

Contents

제2장 실기편

1. 기본 업스타일 62

(1) 꼬기[두 가닥 양쪽 끌어꼬기] 62
(2) 꼬기[두 가닥 양쪽 끌어꼬기] 65
(3) 꼬기[반업스타일] 70
(4) 꼬기[망사용 꼬기] 74
(5) 꼬기[한 가닥 꼬기] 76
(6) 땋기[세 가닥 위로 끌어땋기] 79
(7) 땋기[세 가닥 아래 끌어땋기] 83
(8) 땋기[세 가닥 양쪽 끌어땋기+한쪽 끌어땋기] 87
(9) 땋기[세 가닥 한쪽 끌어땋기] 94
(10) 매듭 1 103
(11) 매듭 2 108
(12) 매듭 3 112
(13) 말기 1 [쪽머리스타일 1] 116
(14) 말기 2 [쪽머리스타일2] 119
(15) 말기 3 122
(16) 말기[수직] 126
(17) 말기[수직 싱 응용] 129
(18) 말기[수평 싱 응용] 132
(19) 겹치기 135
(20) 겹치기[위로 겹치기, 소라머리 응용] 139
(21) 고리 144
(22) 고리[미듐업] 146
(23) 고리[고리+말기] 149
(24) 고리[다운업] 153
(25) S컬 업스타일 1 157
(26) S컬 업스타일 2 162

BASIC UPSTYLE PRO

2. 응용 업스타일

2. 응용 업스타일 168

응용 (1) 두 가닥 꼬기 168
응용 (2) 두 가닥 꼬기 171
응용 (3) 꼬기+말기 174
응용 (4) 꼬기+말기 177
응용 (5) 꼬기+말기 180
응용 (6) 짧은머리 두 가닥 꼬기 185
응용 (7) 짧은머리+꼬기 188
응용 (8) 꼬기+C컬 191
응용 (9) 짧은머리 다운업 194
응용 (10) 세 가닥 땋기 197
응용 (11) 세 가닥 끌어 땋기+말기 202
응용 (12) 말기 205
응용 (13) 말기 다운업 208
응용 (14) 말기 211
응용 (15) 말기+S컬 215
응용 (16) 고리 다운업 218
응용 (17) 고리 222
응용 (18) 고리[수직] 225
응용 (19) 세 가닥 땋기+매듭 228
응용 (20) S컬 업스타일 232
응용 (21) 볼륨 업스타일 235
응용 (22) 피스활용[짧은머리 C컬] 238
응용 (23) 피스활용[짧은머리 꼬기] 241
응용 (24) 피스응용[다운업] 244
응용 (25) 피스활용[S컬] 247
응용 (26) 피스활용[말기] 250
응용 (27) 피스활용[땋은 모발 피스] 253

제1장 이론편

BASIC UPSTYLE PRO

1. 업스타일의 정의

업스타일은 Up과 Style의 합성어로서 머리를 빗어 올려 한곳에 모아 묶거나 핀으로 고정하여 두상에서 표현되고 연출되는 모든 형태의 스타일이다.
또한, 고객의 두상과 얼굴형, 신체적 특성 등 고객의 정보를 종합하여 다양한 올림머리 기법으로 고객에게 가장 어울리는 모습과 이미지를 창조하는 헤어디자인의 한 형태이다.
업스타일은 올림머리, 시뇽(Chignon), Long Hair Style, Up-do hair style, Hair up-do, Bridal hair-style라고도 불린다.

2. 업스타일의 의의

헤어스타일은 시대의 흐름 속에서 무수히 많은 스타일로 변화되고 발전되어왔다. 또한 업스타일은 고대시대부터 현대에 이르기까지 각 시대의 특성에 따른 다양한 사회, 문화의 변천과 맞물려 변화와 발전을 거듭해왔으며, 단순히 아름다움을 위한 목적뿐만 아니라, 역사적으로는 개인의 신분이나 계급을 나타내는 중요한 표시수단으로서의 역할도 병행해 왔다.
과거에는 지위와 아름다움을 표시하는 수단으로 높게 올려 머리 모양을 냈다면, 현대의 업스타일은 위로 올려 모양내는 것 뿐만 아니라 어느 방향으로든 머리를 땋거나 꼬기 등의 포인트를 주어 목덜미 위 어느 한 곳에 고정시켜 아름답게 연출시키는 모든 헤어스타일이 업스타일에 포함된다.
또한 일상에서의 간단한 업스타일뿐만 아니라 중요한 의식이나 행사 등에 그 적용 범위가 넓어지고 있으며, 그에 따라 미적인 감각과 T.P.O에 따른 실용적 조화를 통한 창의적이고 다양한 스타일과 테크닉이 개발되고 있다.
이러한 업스타일은 길이를 멋스럽게 연출하는 롱 헤어스타일에서 짧은 머리에 컬 형태나 피스 활용을 통한 창작헤어스타일에 이르기까지 매우 다양하게 적용되고 응용되고 있다.
업스타일은 무엇보다도 디자인발상이 중요하므로 디자인에 대한 기초지식이 중요하다. 개인의 두상 및 얼굴형, 신체적 특성 등을 고려하여 모발이라는 소재를 어떻게 조화롭게 디자인하느냐를 고민해야 하며 시간, 장소 목적에 따른 머리 길이와 머리형, 개인적인 스타일 센스, 최근 패션 경향 등의 감각 또한 요구된다.
헤어스타일은 순수하게 미적인 가치만을 추구하는 일반적인 예술과는 달리 실용적이어야 하며 인간의 사상과 감정을 합리적으로 구성 · 응용 가능한 창조활동을 통하여, 시술 대상에게 심리적 안정과 자신감을 충족시켜 삶을 즐겁고 행복하게 해줄 수 있다. 따라서 헤어디자인은 미적 요구와 기능적 요구를 동시에 충족시켜주는 예술로서 헤어디자인을 유형예술, 조형예술, 응용예술, 실용예술, 부용예술이라고도 한다.

3. 업스타일의 특성

업스타일은 여성의 우아함과 여성스러움, 로맨스 등을 표현하는 예술형식으로 입체적이고, 심미적인 아름다움의 표현과 창출을 위한 'Hair Styling'의 한 분야라 할 수 있다. 또한 디자인 발상과 뛰어난 조형감각이 요구되어 미용분야에서의 다양한 경험과 일정한 경력이 쌓였을 때 풍부한 감성과 테크닉이 조화를 이루어 작품의 완성도를 높일 수 있는 특징을 갖는다.

따라서 업스타일 디자인을 위해서는 먼저 미의 조형요소 등의 미학을 이해하고 그 표현방법에 있어서 반복된 숙련을 통해 얻은 기법이 기본적인 베이스가 바탕이 되어야 한다. 그리고 그 토대 위에 체계적인 원리와 조형감각을 통하여 고객의 요구를 폭넓게 수용할 수 있는 예술성을 대중화함으로써 업스타일을 표현할 수 있는 것이다.

커트가 감소시키는 미학이라면 업스타일은 더하는 미학으로 우아함과 여성스러움을 묘사하는 예술적인 디자인 발상에 따라 양감을 넣어 연결하고, 넓게 펴거나 헤어피스를 사용하여 모발의 분량을 보충하기도 한다.

업스타일은 빠른 시간에 여러 스타일로 바꿔가며 표현할 수 있으므로 커트와 펌과는 달리 새롭고 다양한 스타일을 연출할 수 있는 영역의 폭이 넓다. 따라서 헤어디자이너는 일상생활 속에서 체득할 수 있는 창의적이고, 다양한 소품 활용 등을 통해 독창적이면서 아름다운 작품세계를 자유롭게 발휘할 수 있는 창의적이고, 다양한 기술이 개발될 때 질적인 가치를 높일 수 있다.

이러한 업스타일은 우리가 보통 업스타일로 이해하고 있는 긴 머리를 길이 그대로 묶어서 틀어 올려 장식품 등과 같이 스타일링 하는 올림머리에서부터 짧은 헤어 컬을 이용하거나 피스 또는 가발 등을 사용하여 응용한 창작 헤어스타일까지 다양하고 멋스럽게 연출할 수 있다.

그리고 업스타일 전 블로우 드라이나 전기 세팅 또는 각종 도구를 이용하기도 하며, 때에 따라 커트나 염색이나 탈색 등을 하는 경우도 있다. 이처럼 모든 것이 조화를 이루었을때 완성되는 분야여서 특수한 기능으로 인식된다. 업스타일이 모든 이미지 표현방법 중에서 가장 우아하고 아름다운 스타일이기도 하지만, 무엇보다 최고의 스타일로 자신을 치장하려는 욕구에서 본질을 찾을 수 있다.

업스타일에 필요한 여러 요소가 있지만 그 중에 작품의 질을 결정하는 것은 디자이너의 창의력이며, 스타일에 있어 감성을 표현한다는 것은 전체와 부분의 세부적인 요소마다 디자이너의 섬세함이 연출되는 것이다. 스타일에 따라 정해진 소재와 시간 안에 작품의 완성도를 높이는 것이 매우 중요하며, 이것은 디자이너 스스로의 반복된 훈련과 연습으로 인해 생겨나는 결과이므로 많은 감각적인 훈련이 필수가 되어 완성도를 최대화 시켜야 한다.

4. 업스타일의 디자인

디자인의 욕구과정, 조형과정, 도구(재료)과정, 기술과정의 단계를 거쳐 형태가 이루어지는 것을 조형이라 한다. 디자인이라 하는 것은 헤어스타일을 완성하기 위해 고객의 욕구와 이미지를 파악하여 계획하는 것을 말하며, 특히, 업스타일은 디자인이 강조되는 것은 다른 매뉴얼에 비하여 뛰어난 조형감각이 요구된다는 데 있다. 살롱에서는 자신의 창조성을 무한대로 발휘할 수 있는 디자인 능력이 다른 메뉴에도 영향을 미치기 때문에 미용의 전문가라면 흥미를 갖지 않을 수 없을 것이다.

(1) 고객정보(욕구과정)

업스타일을 시술하기에 앞서 대상(고객)에 대한 이미지 콘셉트가 명확하게 그려지지 않는다면 아름다운 헤어스타일을 만들 수가 없다.

우선 고객 내외의 정보과 감성까지 더해서 어떤 점을 우선할 것인가를 상황에 맞게 설정한 후에 디자인이 이루어진다면 스타일의 완성도는 높아질 수밖에 없다.

1) 외부 정보

의상에도 때와 장소에 따라 격식이 있는 것과 마찬가지로 헤어 스타일도 격식에 맞는 스타일로 디자인 되어야 한다.

신부라면 호텔이나 전문 예식장의 분위기에 맞게 연출해야 하며. 신부의 가족이나 친구들은 조연으로서 역할에 맞는 디자인에 맞게 해야 한다. 결혼식 때의 올림머리가 마음에 들었다 해서 돌잔치 분위기에 그 스타일이 어울릴 수 없는 것처럼 예쁘게 만들어진 스타일만 가지고 잘 되었다고도 할 수 없다. 이처럼 때와 장소, 분위기 그리고 의식 등에 따라 섬세한 판단이 요구되기 때문에 고객에 대한 정보를 정확하게 파악할 필요가 있다.

① 업스타일 목적

• 결혼식, 약혼식, 발표회, 잔치(파티), 모임, 면접 등

② 주연?, 조연?

예: 결혼식 – 신랑 측의 어머니, 신부 측의 어머니, 이모, 사촌, 친구 등 역할에 맞게 업스타일로 연출해야 한다.

③ 의상

• 한복, 드레스, 정장 등

④ 장소

• 야외, 교회, 식장, 호텔 등

⑤ 유행스타일(트렌드)

⑥ 기타

• 날씨, 주야, 계절 등

2) 내부정보

인간은 발소리만으로도 구분이 가능할 정도로 천차만별의 차이를 갖고 있는 만큼 정확한 특성을 찾아내어 디자인의 기초로 삼을 수 있어야 한다.

① 모발의 조건

• 길이, 탄력, 모량, 커트, 웨이브, 목선 상태 등

② 체형, 얼굴형(전면과 측면)

• 연령, 이미지, 개인의 스타일과 취향(희망 스타일) 등

5. 업스타일의 디자인 구성요소

디자인의 영역에서 디자인 요소(형태, 질감, 컬러)와 디자인 원리(법칙)를 적절히 위치하고 배열하여 디자인하고 기능적으로 다양한 기법들을 구사하였을 때 다양한 업스타일 작품이 조화를 이루어 표현되고 완성된다. 헤어 디자인의 구성은 머리형(형태), 질감, 색상(컬러)의 디자인 3요소로 반복, 교대, 대조, 강조, 진행, 조화, 비 조화 등의 디자인 원리가 있다.
다음은 헤어 디자인을 위한 디자인 요소와 디자인 원리이다.

(1) 디자인 3요소

1) 형태

형태는 점, 선, 면 등이 연장되거나 발전 및 변화되는 밀접한 관계 속에서 이루어진다. 주로 시각과 촉각에 의해 감지되며, 색과 함께 대상의 감각적 경험을 형성하는 중요한 요소라 할 수 있다. 그리고 입체적인 형태로 방향이나 각도에 따라 구분되며, 3차원의 개념을 가지고 있다.
헤어 디자인의 형태는 모양을 나타내며, 윤곽선이나 실루엣에 의해 결정된다. 이 형태의 특성은 모양 · 크기 · 방향 등의 구성요소들로 이루어져 있고, 이 구성 요소들은 완성된 스타일을 변화시킬 수 있는 중요한 역할을 한다. 점과 점을 연결하여 선을 만들고, 선이 이동한 곳에 면이 생겨 형이 된다. 이 형태에 방향, 구성 요소가 덧붙여지면 전체적인 모습의 변화가 생기게 된다.

① 점
점은 면적이 없이 위치만을 표시하며, 모든 척도는 점의 여러 가지 변형된 형태라 할 수 있다.
공간에 한 점을 두면 집중력이 생기고, 중심에 있으므로 주목성과 안정감이 생긴다. 점은 포인트와 위치를 표시하는 것이며, 전체적인 모양과 크기를 이루는 기본 요소이다.

② 선
선은 '무수한 점들의 연속'으로 정의한다. 또한 선은 '점이 이동하고 남긴 경로'이며, '하나의 이어진 동작을 눈으로 볼 수 있는 과정'이라고도 한다. 하나의 선은 길이나 넓이, 농도 또는 방향에 따라 다양해지는데 이러한 다양성을 활용함에 따라 작품의 결과가 달라진다. 선은 모발의 방향성과 표정을 나타내며, 하나의 형태가 이루어지기 위한 역할을 한다. 따라서 직선과 곡선, 사선의 움직임을 파악하고 두상과 얼굴형에 어떠한 영향을 주는지 선에 의한 변화와 특징을 고려해야 한다.
또한 선은 업스타일에서 모든 기술 표현의 시작이 되는 컬의 기본 요소가 된다. 업스타일을 하기 위한 가장 기초적인 순서로 미리 블로우 드라이를 하거나 세팅기로 헤어를 말아 두는 것이다. 이것은 열을 이용하여 모근의 볼륨을 잡고 모발의 형태를 자유자재로 연출을 꾀하는 작업이다. 그리고 이 과정은 C컬, S컬, J컬의 이미지를 빠르게 구사할 수 있도록 하여 완성도를 높여주게 된다. 모발을 원하는 방향으로 펴거나 구부릴 수 있고, 컬의 강약을 조절할 수 있으므로 업스타일에서는 가장 중요한 과정이라 할 수 있다.

③ 면

면은 공간을 구성하는 기본단위이며, 형을 만드는 요소들 가운데 기본형상의 하나이다. 이동하는 선의 자취가 면을 이루는데 선의 꺾임과 구부러짐의 가능성에 기인하여 면의 윤곽을 결정한다. 따라서 면은 점이 모이거나 선의 집합 또는 선으로 둘러싸여 성립되며, 공간에 있어서 입체화된 점이나 선에 의해서도 성립된다.

업스타일에서 면은 모발이 집합하여 만든 면적과 표면 광택을 말하는 데, S컬, C컬, J컬의 패턴화된 질감으로 나타낼 수 있다.

④ 형태(입체)

입체는 면의 이동으로 점, 선, 면보다도 명백하고 보다 많은 특징을 지닌다. 그것은 굵기 · 긴밀함 · 3차원성 · 무게 등이다. 원 · 정사각형 · 삼각형이라는 기본 평면이 입체로 전개될 때 입체의 기본형식이 된다. 업스타일에서는 얼굴형에 맞는 입체적인 구성을 요구하며, 대체로 삼각형 구도로 디자인해야 한다.

2) 질감

어떤 물체를 직접적으로 만져 볼 수는 없어도 그것을 손으로 만지면 어떤 느낌이 들지 예상할 수 있는 것은 경험을 통해 알게 되는데 이것이 물체의 질감이다.

질감은 촉각적 질감(tactile texture)과 시각적 질감(visual texture)으로 구분된다. 촉각적 질감은 실제로 만져서 느낄 수 있는 질감이며, 시각적 질감은 색 · 명암 · 표면 등을 통해 느낄 수 있는 질감이다. 즉, 질감은 촉각과 시각으로도 감지할 수 있다.

어떤 물체든 재료로써 구체화하므로 재질에 대한 다양한 감각적 체험이 중요하다. 재질에 의해 달라지는 여러 가지의 질감은 감각을 느낄 수 있는 시각적인 요인이 된다. 따라서 질감은 헤어 디자인의 컨셉과 유동적인 모발 · 형태 · 공간 · 색상에 맞게 적용하여 일관성 있게 표현되어야 한다.

업스타일에서는 매끈한 질감과 패턴화된 까칠한 질감으로 구분할 수 있으며, 컬의 기법과 모발의 양은 결과적으로 나타나는 질감에 영향을 미친다.

컬과 웨이브의 율동감은 업스타일의 가장 특징적인 표현기법이며 업스타일로 이루어지는 모든 작품의 시술 과정 중 빠지지 않고 많이 사용되는 디자인 기법이다.

3) 색상(color)

색은 가시광선이 물체에 비추어 반사 · 분해 · 투과 · 굴절 · 흡수될 때 나타나며 디자인 요소 중에서 가장 감각적이라고 할 수 있다.

색은 색상, 명도, 채도의 3가지 특성을 가진다. 색상이란 가감되지 않은 상태로 색채의 가장 기본으로 난색계 · 한색계 · 중성계로 나눌 수 있다. 명도란 밝고 어두움의 차이를 말하며, 흰색은 0, 검정색은 10으로 등분한 그레이 스케일을 사용한다. 채도는 색의 선명한 정도를 말하며 채도가 가장 높은 색을 순색이라 하고 가장 낮은 색을 탁색이라고 한다. 모발의 색에 자연스럽게 변화를 주고자 할 경우 흑발에서 금발까지의 표현이 가능하다.

헤어스타일에 색감을 부여해주어 전체적인 양감과 질감, 실루엣에 영향을 주어 착시현상을 나타내며 사람의 얼굴형과 두상, 체형, 이미지변화에 강하게 작용이 된다.

업스타일에서 색상은 밝고 어두운 정도에 따라 깊이 · 면적 · 질감의 착시현상을 일으키며 어두운 머리 색상은 더 깊이가 있으며 외각 형태에 주의를 집중시키는 반면, 밝은 색상은 형태 내의 각각의 세부적인 모양에 시선을 이끈다. 또한 따뜻한 색상의 모발은 차가운 모발 색상과 함께 있으면 앞으로 돌출되어 보이면서 어떤 특정한 부분에 흥미를 더해주고, 차가운 톤의 색상은 후퇴되어 보이면서도 안정적으로 보인다. 그리고 머리 색상의 혼합은 디자인의 크기를 더해주며 질감에 착시효과를 준다.

(2) 방향

방향(천체축)은 헤어디자인에 있어서 선의 진로이자 디자인의 분석의 핵심적 요소이며 직선과 곡선의 각도와 방향을 나타내기 위한 기호로서 방향의 진로를 어떻게 적용 하는가에 따라 헤어디자인에 큰 변화를 준다. 형태 내의 방향은 움직임으로 역동성에 중요한 역할을 하며, 형태의 크기와 볼륨 위치에 따라 결정된다.

헤어디자인 내의 머리 방향은 움직임을 뜻하며, 디자인의 역동성에 중요한 역할을 한다. 즉, 시각적인 효과를 계획하며 형태 내의 모양 · 방향 · 크기에 의해 스타일의 조화를 이루는 것이다. 따라서 수직 · 수평 · 우대각 · 좌대각 방향으로 천체축의 직선과 곡선을 조합하여 디자인하게 된다.

(3) 크기

선과 형태들, 그리고 선과 형태 사이에 있는 공간은 크기와 면적으로 서로 달라질 수 있다. 모든 형태에는 크기가 있으며, 단순히 크고 작고 길고 짧음뿐만 아니라 구체적인 측량이 가능하다. 점 · 선 · 면 · 입체가 상호 간에 간격을 가질 때 이 공간의 간격은 크기를 가리킨다. 헤어스타일에 있어 두상의 크고 작음과 모발의 길고 짧음, 모발 숱의 많고 적음은 결과의 크기에 영향을 미친다.

6. 업스타일의 구성 원리(디자인법칙)

디자인의 법칙은 디자인의 요소들이 어떤 특정한 효과를 성취하기 위해 어떻게 결합되어야 하는가를 결정하는 연관법칙 또는 구성 계획이라 할 수 있으며, 예술가들이 디자인 요소를 구성하는 데 사용하는 구성 배열 패턴이라 할 수 있다. 조화 · 비례 · 균형 · 율동 등이 상호 보완적인 관계를 갖고 형식적인 요소나 감각적 요소의 영향에 의해 총체적으로 나타나는 것이다.

업스타일에 있어서도 다른 예술 형식과 마찬가지로 형태 · 질감 · 색상을 구성하는 데 사용하는 구성 배열 패턴으로 디자인 법칙을 이용한다. 업스타일을 창작하는 데 있어서 주로 사용되는 법칙은 균형과 강조이다. 이러한 패턴을 알고 있으면 디자인을 분석할 때 전문가로서의 의사소통이 구축되고 자신만의 예술 작품을 창조하기 위한 토대를 만들 수 있다.

(1) 균형

두 개 이상의 요소들 사이에서 시각적인 힘이 안정화 되어 보이는 것을 균형이라 한다.

균형이란 서로 반대되는 힘의 평형상태와 디자인의 시각적 또는 실제 무게감을 말하는 데, 시각적인 균형은 모양 · 명도 · 질감 · 색채의 균형으로 구분되며, 모양의 균형은 대칭과 비대칭의 두 가지 형태로 구별된다. 또 균형은 대조적이며 반대가 되는 요소들, 혹은 상호작용하는 요소들 사이의 평형상태를 말한다. 형태를 분석할 때, 우리의 눈은 자연적으로 디자인 내에서 평형을 찾으려 한다.

1) 대칭

대칭은 가장 정형적인 구성의 균형이 잡힌 형태로서 중앙을 지나는 선을 축으로 양쪽 면을 접으면 완전히 일치되는 것을 말한다. 정돈되어 보이고 안정적이며 통일감, 귀여움을 주지만 반면에 엄격하고 딱딱한 느낌을 주기도 한다.

높이 올라갈수록 개성적인 표현이 강하고 활동적이면서 적극적인 느낌과 샤프한 이미지를 주며 수직에서 힘이 느껴진다.

적극적, 정렬, 귀여움, 깔끔, 활동적, 귀품, 정돈, 단점, 긴장

긴장, 안정, 엄숙, 정적, 정리, 평온

2) 비대칭

비대칭은 형태의 양쪽이 서로 다른 불균형이지만, 시각상의 정돈에 의해 균형 잡힌 것으로 안정감을 주며 시각적 무게를 갖고 있어서 개성적이다. 또한 다양성을 가지며 대칭적 균형과 반대로 가운데 중심선을 기점으로 좌우가 균등하지 않을 때 또는 상하를 기점으로 균등하지 않을 때 비대칭적인 균형을 이룬다. 정형화된 균형보다 매력적이고, 신비로움을 줄 수 있다.

감각적, 관능적, 긴장완화, 대담, 활동

(2) 통일

통일은 미적 요소인 형, 색, 질감 등을 결합시켜 질서감 있게 표현하는 것을 의미한다. 디자인에 있어서 보는 사람의 관심을 집중시켜 단일적인 인상을 주는 것이지만 지나치게 통일됨을 강조하면 디자인이 단조롭고 딱딱해질 수 있다.

디자인은 전체적으로 통일된 연결이 없으면 아름답다고 할 수 없으므로, 디자인에서 연결을 조직해서 계획하는 것은 가장 중요한 요소이다. 그러나 너무 단조로우면 흥미를 잃게 된다.

(3) 조화와 비조화

조화란 한 가지 또는 그 이상의 관점에 있어서 서로 유사한 단위들의 배합을 말한다. 하나 혹은 그 이상의 형태 · 크기 · 색채 등과 같은 요소와 특징 등이 서로 비슷한 모양을 이룰 때 이 모든 단위가 '조화되어 있다'고 한다.

조화는 전체적인 균형미를 뜻하나 심리적이고 감각적인 측면에서 측정될 수 있는 부분으로 모든 디자인의 기초라 할 수 있다. 그리고 두 개 이상 요소의 상호관계에서 그들이 분리되거나 배척하지 않고, 서로 통일되어 밀접한 관계를 가지고 느낄 수 있는 높은 감각적 효과를 나타낼 때 일어나는 현상이다. 또는 감각, 분위기, 표현 방법 등이 일치감 있는 유사성 등으로 서로 충돌되지 않는, 소속되는 느낌을 주는 원리라고 할 수 있다.

- 유사조화 : 같은 성격의 요소들이 조합되어 이루어진 것으로 서로가 동일하지 않아도 서로 닮은 형태의 모양 · 종류 · 의미 · 기능끼리 연합하여 한 조로 만들 수 있는 것이다.

- 대비조화 : 서로 다른 요소들의 결합으로 서로가 다른 것을 강조하면서 조화를 이루는 것을 말하며, 개성적이면서 설득력이 풍부하고 대비가 클수록 서로의 성격이 뚜렷해진다.
- 비조화 : 조화의 반대로 디자인 요소 간의 격차가 극대화된 것으로 구성단위들 사이 최대한도의 간격을 말한다. 차이가 현저할수록 미적으로 매력적이고 개성이 뚜렷해 보인다. 대신 조화에 실패하면 혼란스러운 느낌을 준다.

(4) 변화

주변 조건에 따라 특정한 부분을 강조하는 것으로 집합물로부터 얻어지며 변화는 잇따라 일어나는 시간적 요소를 내포한다. 크기와 형, 색채 등이 통일되지 않은 것이며 움직임이 있어 신선하고 자유로움을 준다.
지나친 변화는 혼란과 무질서를 초래하며 구성이 산만해지므로, 통일의 영역을 침해하지 않는 한도 내에서 이루어져야 효과적이다. 변화를 표현하는 방법으로는 디자인 요소의 반복에 의하거나 디자인 요소 및 의미의 대조를 통해 얻을 수 있다. 그러나 지나친 변화는 그 본래 전달하는 바를 약화하고 강조의 효과를 줄어들게 할 수 있다.

(5) 비례

비례는 사물의 크기나 길이에 대한 균형을 말한다. 헤어디자인에서도 모발과 두상에서 나타내는 폭이나 비율 그리고 체형을 고려하여 디자인을 해야 하며 비례를 고려하지 않은 디자인을 하였을 때는 균형 잡힌 디자인이라고 볼 수 없다.
비례가 적용되는 예로는 크기와 사용된 색의 구조 · 형태 · 질감 · 감촉 등을 들 수 있다. 디자인에서 미적으로 분할되는 좋은 비례를 황금비라 하며 황금분할은 어떤 선을 이등분하여 작은 부분과 큰 부분의 비를 큰 부분과 전체의 비례와 같게 한 분할을 말한다. 디자인 원리에서 비례는 전체형태와 부분 형태 간의 양적인 비교를 포함하는 원리이다.

(6) 율동

각 요소들의 강약과 요소들의 부분 사이에서 생겨나는 힘의 움직임을 나타낸다. 헤어디자인에 있어서의 율동은 생동감과 생명감이 있으며 헤어스타일에 부드러움, 자연스러움, 건강한, 수수한 등의 이미지를 표현하는데 있어서 중요한 역할을 한다.

- 반복율동 : 미의 요소를 두 개 이상 배열 시켜 시선이 이동하여 상대적으로 동적인 느낌을 줌으로써 율동감이 나타나게 하는 현상으로 시각적으로는 힘의 강약 효과라 할 수 있다.
- 점이 율동 : 점이의 율동이란 자연 적으로 가장 보편적인 율동의 질서라 볼 수 있다. 작은 것 에서 큰 것으로 큰 것에서 작은 것으로 변화를 나타내는 것을 말한다.

• 방사 율동 : 한 개의 중심으로 방사적인 운동감을 방사율동이라 한다. 헤어스타일에 있어 정수리를 중심으로 모류가 중력의 영향을 받아 리듬감 있는 율동을 말한다.

(7) 반복

반복은 동일한 요소나 대상 등을 반복적으로 배열시켜 시선 이동을 유도하여 동적인 느낌을 줌으로써 율동감을 느끼게 하는 것이다. 이러한 반복은 대상의 의미를 강조하는 수단으로 사용되기도 하는 데, 모든 구성 단위가 위치만 다르고 동일하기 때문에 단조로운 느낌을 주기도 한다.

거의 똑같은 어떤 두 대상의 모양 · 짜임새 · 색상 · 방향 혹은 모발 길이의 단위가 동일하게 연결되는 것이 반복이다.

(8) 강조

강조는 어떤 부분을 특히 두드러지게 표현하는 것을 말한다. 업스타일 디자인에 있어서의 강조는 디자인의 초점이나 주된 흥미와 관련된다. 형태를 통해 어느 한 점에 개성적인 포인트를 주어 시선을 한 곳으로 집중시키거나 밝은 색상이나 혹은 어두운 색상을 사용해 작품의 강조점을 만들어내는 것 등 형태 · 질감 · 색상을 통하여 어떤 특정한 효과를 성취하는 것은 헤어디자이너의 예술적 감각이라고 할 수 있다.

헤어디자인에서 강조는 나타내고 싶은 특유의 것을 장식을 이용한다거나 표현을 극대화하여 이목을 집중시키는 데 있다. 강조에 따른 업스타일로 장식을 활용하여 과장된 형태를 강조한 경우와 볼륨을 강조하기 위해 다른 특징을 최소화하기도 한다. 피스를 활용한 작품은 전투적이고 강한 이미지를 나타내고, 볼륨을 강조한 작품은 우아하고 여성스러운 이미지를 나타낸다.

(9) 착시

우리가 보는 사물의 성질이나 상태가 객관적인 사실과 차이가 나는 경우를 착시(錯視)라고 한다. 헤어의 작업은 헤어가 예쁜 것이 아니라 얼굴이 예뻐야 한다는 전제하에 어떻게 하는가 보다 어떻게 보여지는가에 마음을 두고 작업이 이루어져야 한다. 헤어 스타일은 예쁜데 고객의 이미지와 어울리지 않는 것은 조형의 문제이기도 하지만 착시 성질의 이해 부족이다. 착시를 이해하면 부조화의 가능성을 줄일 수 있으며 어떻게 보인다는 것은 지각의 심리적 감정으로 실제는 어떠한 대상(얼굴)과 비교되느냐에 따라 결과는 달라지는 것을 볼 수 있다.

고객은 머리 손질을 받고 나면 본인이 예뻐졌다고 생각한다. 그러나 실제 고객의 얼굴은 살롱을 들어올 때나 나갈 때에도 같은 얼굴이다. 이와 같은 결과는 헤어를 통한 착시의 작용이 미친 결과라고 할 수 있다.

일반적으로 착시를 통하여 얻고자 하는 결과는

- 보다 더 젊게 보이게 하는 것
- 보다 더 얼굴을 작아 보이게 하는 것
- 보다 더 세련되고 여성스러워 보이게 하는 것
- 보다 더 섹시하면서 지적으로 보이게 하는 것
- 보다 더 사회적 지위와 품위가 있어 보이게 하는 것 등일 것이다.

이들은 모발 길이의 변화나 모발 성형 결과의 본질로 갖게 되는 것이 아니라 변화를 통하여 얼굴에 대한 시각적인 착각을 일으켜 긍정적 이미지 변화를 유도하며 이에 따라 고객에게 만족을 주는 것이다.

착시가 얼굴에 미치는 영향

비교대상(주변)에 따른 크기의 변화

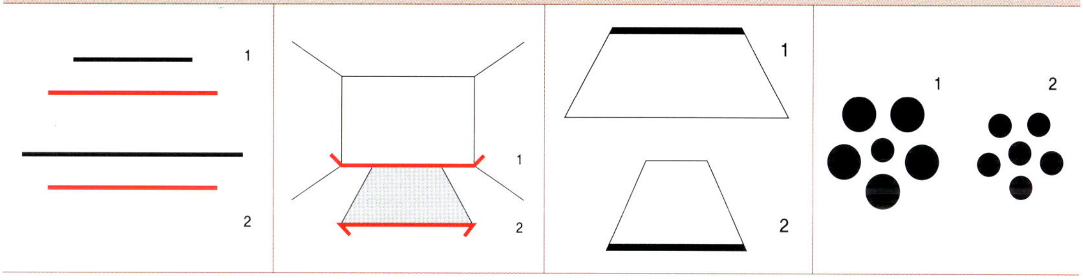

두 선의 길이와 가운데 점의 크기는 같다.
같은 크기(길이)이지만 주변의 비교대상에 따라 1은 커 보이고 2는 작아 보인다.

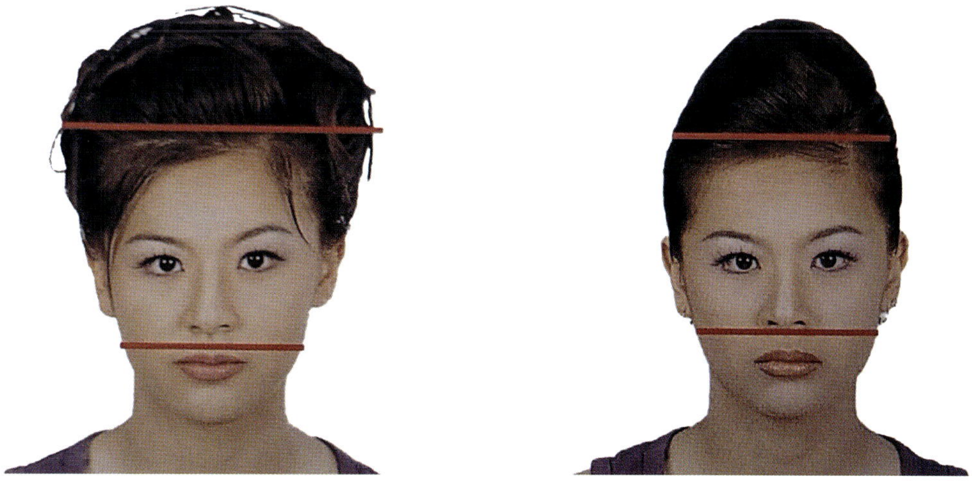

헤어디자인에 있어 얼굴이 커 보인다면 머리 부분의 크기가 강조되어야 한다.
역으로 특정부위를 강조하고자 한다면 주변을 작게 표현한다.

7. 업스타일에 필요한 도구와 제품

모발의 형태나 질감을 만들 때 여러 가지 도구가 필요하다. 도구는 최종의 스타일을 고려하여 목적에 맞는 것을 선택하여 능숙하게 사용해야 한다. 그리고 가장 최고의 도구는 자기 손이므로 자유자재로 사용할 수 있도록 연습해야 한다.

(1) 꼬리빗(Anal comb)

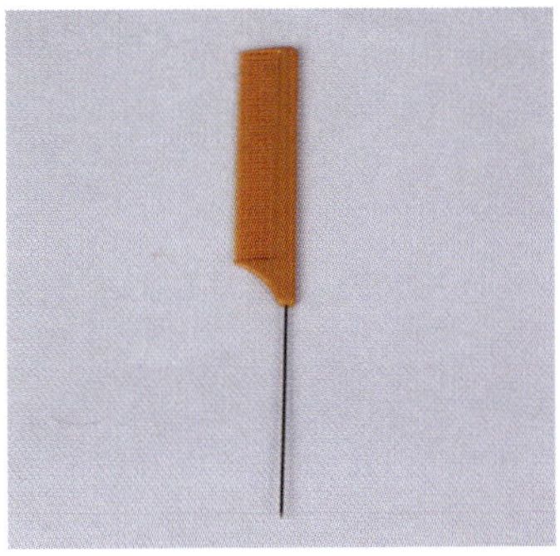

꼬리빗은 꼬리, 몸체, 빗살로 구성되어 있고, 정확한 빗질은 작업시간을 단축해주며 모발의 방향성을 예시하는 중요한 요인이다. 업스타일 시 가장 많이 사용되는 꼬리빗은 모발을 정리, 배분하여 파팅이나 블로킹을 나누고, 모속을 떠 올리거나 곱게 빗어 머리다발 즉, 스트랜드를 정리하며 모발을 곤두서게 하는 백코밍 등 여러 가지 작업에 사용된다.

(2) 스타일링 빗(Styling comb)

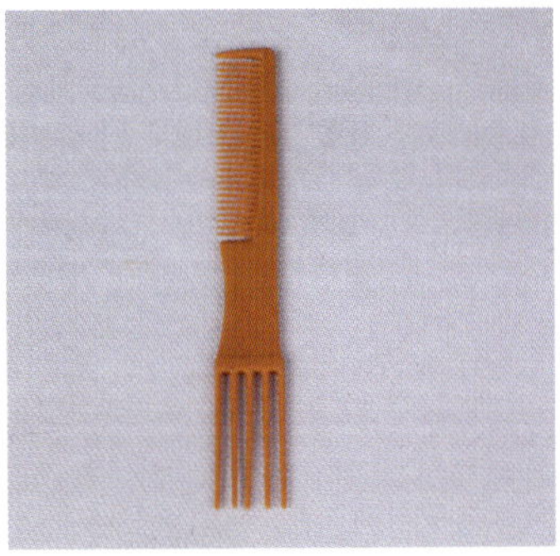

흔히 오발 빗이라고 하며 컬의 형태를 잡거나 볼륨을 형성 시킬 때 사용되며, 앞머리 부분을 스타일링할 때와 전체적인 모발의 흐름을 잡을 때 사용된다.

(3) 브러쉬(Brush)

브러쉬는 손잡이, 몸체, 빗살로 구성되며 몸체와 빗살의 형태와 재질에 따라 사용목적과 명칭이 달라진다.

1) 피니싱 브러쉬(Finishing brush) 일자형

표면을 빗거나 면을 정리하는 브러쉬로 면을 빗질하거나 광택을 효과적으로 표현할 수 있다. 브러쉬의 털끝이 잘 모여져 있고 밀도가 균일해야 한다.

2) 스타일링 브러쉬(Styling brush) S자형

S자로 구부러져 있는 곡면을 이용하여 햄라인 부분을 촘촘히 빗을 수 있으며 모발 전체의 텐션을 균일하게 한다. 표면에 나타난 역모와 텐션이 균일하지 않는 곳을 전체적으로 처리할 수 있다. 브러쉬의 털이 잘 갖추어져 있으며 밀도가 균일해야 한다. 너무 촘촘하면 속까지 제대로 빗겨지지 않을 수 있다.

3) 쿠션 브러쉬(Cushion brush)

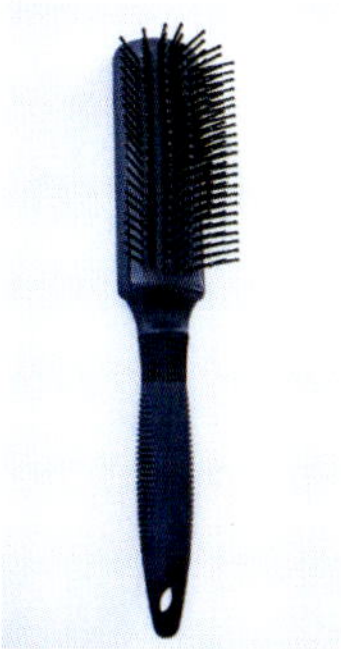

세팅 후 소량의 제품을 바른 후 전체적으로 컬과 모류를 정리할 때와 모발을 묶을 때, 컬 다운, 웨이브 정리 시 사용된다. 두피와의 감촉이 부드러운 것이 좋으며 쿠션 부분이 부드럽게 움직여야 하며 손놀림이 좋고 너무 크지 않아야 한다.

(4) 핀(Pin)

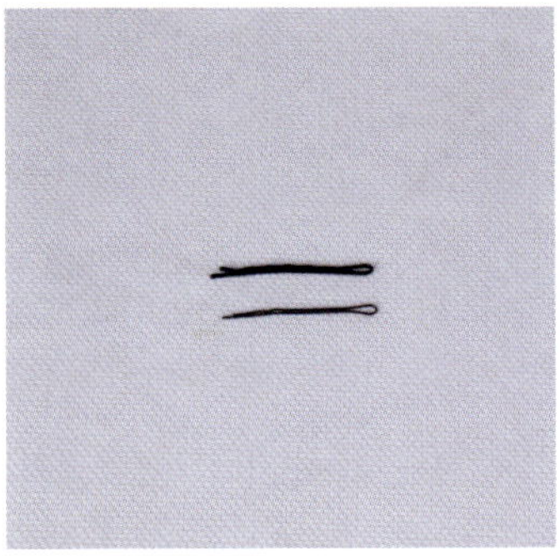

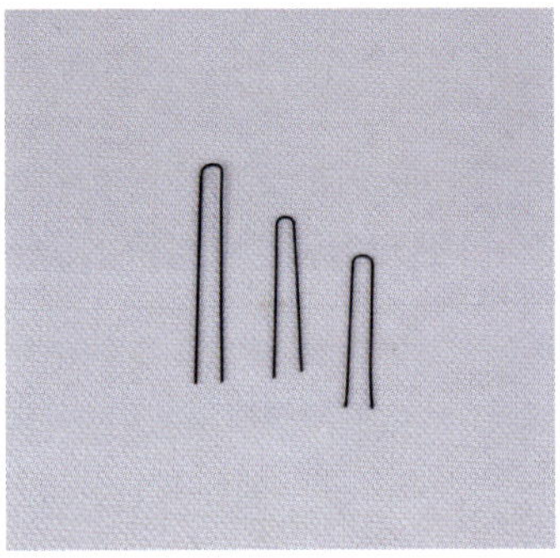

핀의 주된 역할은 모발과 모발의 고정, 모발과 모발 외 다른 보조물과의 고정이다.

크게는 토대의 고정에서 모발이 모여 이루어진 면의 갈라짐과 선의 흐트러짐을 방지하는 것이다. 적절한 핀의 선정과 사용법을 숙지하기 위해서는 모발의 힘과 방향 그리고 전체적인 흐름, 두상의 움직임, 고객의 배려를 고려해야 한다. 이러한 점을 이해한다면 핀의 숫자가 훨씬 줄어들고 시간도 절약할 수 있어 스타일의 완성도를 높일 수 있게 된다. 핀은 눈에 띄지 않게 꽂아야 하며 금발일 경우 핀의 색을 고려해야 한다.

핀의 종류로는 대핀, 보비 핀, 스몰 핀, U핀, 핀컬 핀, 플랫 핀, 핀셋, 웨이브 클립 등이 있다. 대핀은 단단한 소재로 이루어져 있어 많은 양의 모발을 고정할 때 사용하며, 보비 핀은 '실핀'이라고도 하며 가장 많이 사용되며, 두상에 면이나 만들어진 형태를 고정시킬 때 사용한다. 스몰 핀은 길이가 짧고 가늘어 고정력이 약하기 때문에 주로 소량의 모발을 고정 할 때, 볼륨을 감소시킬 때, 숱이 적은 모발에 사용한다.

U핀은 대(大), 중(中), 소(小)로 나뉘며, U핀 대(大)는 많은 양의 모발이나 싱과 망을 고정 할 때 또는 만들어진 형태를 임시로 지탱할 때 사용된다. U핀 중(中)은 모발이나 싱과 망을 고정 할 때와 만들어진 형태를 고정 할 때 사용한다. U핀 소(小)는 마무리 단계에서 만들어진 형태를 보이지 않게 고정하거나, 컬이나 모발의 흐름을 잡거나 갈라짐을 보수할 때 사용한다. 그리고 임시로 고정한 U핀(大)을 빼내고 삐져나온 모발을 정리할 때도 사용한다. 이때 핀의 끝을 양쪽 또는 한쪽을 5mm 정도 접어 사용하여 고정력을 더한다.

핀컬 핀은 모양이나 웨이브 연출 후 모양이 흐트러지지 않게 하도록 일시적으로 고정하는 데 사용하며 플랫 핀은 완성단계에 있는 머리형을 완벽하게 고정시키는데 사용하는 핀으로서 모발의 표면에 자국이 남지 않는 것이 특징이다. 핀셋은 블로킹을 나눈 머리다발을 고정하기 위해 사용하며, 웨이브 클립은 컬을 연출하는 데 있어서 S컬의 릿지를 세우는 데 사용한다.

(5) 고무줄(Rubber band)

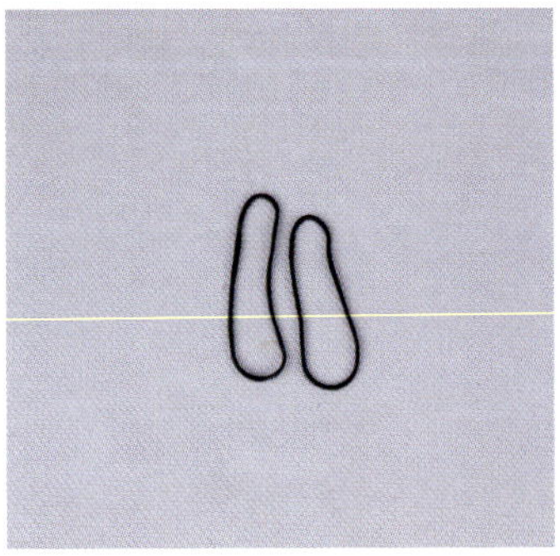

고무줄은 스타일을 내거나 토대를 만들거나 모발을 묶을 때 사용하며 일반적으로 노란색의 고무줄을 사용하지만 경우에 따라서 굵은 검정색 고무줄을 사용하기도 한다.

(6) 왁스

왁스는 세팅 후에 소프트 왁스를 도포하여 모발에 윤기를 더해주며 웨이브의 흐름을 자연스럽게 마무리 해주고 헤어라인의 면을 정리해주며 모발의 흐트러짐을 방지한다.

(7) 스프레이

스프레이는 모발의 정리, 백콤 부위의 고정이나 일정한 형태의 고정을 목적으로 사용된다. 과도한 양을 사용하면 딱딱해져 인위적인 느낌을 줄 수 있어 적절한 양과 분사 방법을 익힌 후 사용하는 것이 바람직하다.

(8) 싱

싱은 형태를 표현하기 위한 중요 수단으로 모발의 숱이 적어 볼륨 형성이 어려울 때, 백코밍만으로 스타일을 표현할 수 없을 때, 모량을 보충할 때 사용한다. 싱의 형태는 둥근형, 삼각형, V형 등 원하는 형태를 만들어 사용할 수 있다.

(9) 망

망은 포니테일의 형태를 보정하는 역할로서 모발의 양이 많거나 적을 때 모발을 편리하게 처리하기 위해 사용하며 모발의 길이에 따라 망을 씌워 길이나 넓이를 조정할 수 있다. 망을 씌운 것이 그대로 스타일이 되기도 한다.

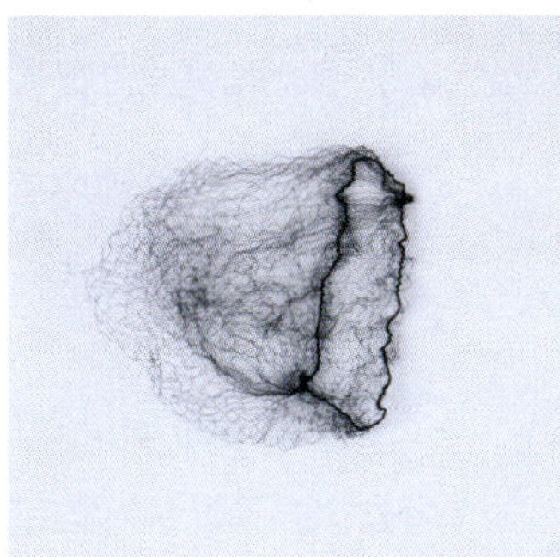

8. 업스타일을 위한 준비와 실제

(1) 업스타일의 기본기법
- 셋팅, 백코밍, 핀꽂기, 묶기, 씽넣기, 토대만들기

(2) 업스타일의 응용기법
- 땋기, 꼬기, 교차, 고리, 매듭, 롤, S컬 기법 등

(1) 세팅(Setting)

세팅은 업스타일 전 선행되는 사전작업으로 세트롤러의 열을 이용해 모발에 볼륨감을 주고 웨이브를 형성하여 모발의 방향감, 움직임, 질감을 표현함으로써 업스타일 시 작업을 용이하게 하고 완성도를 높인다. 디자인에 따라 롤의 굵기, 섹션, 스템의 각도, 방향성을 고려하여야 하며, 앞머리 또한 디자인에 따라 와인딩 방법을 달리해야 한다.

1) 전기세트롤

업스타일 시작 전 사전작업으로 세트롤러에 열을 이용해 모발에 볼륨감을 주고 웨이브를 형성하며 모발의 방향감을 주어 업스타일 시 작업을 용이하게 한다.

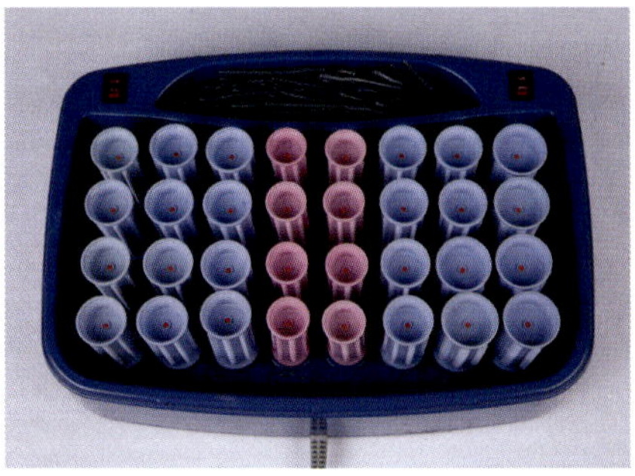

① 사용방법
- 모발을 건조시켜 수분을 없애도록 한다.
- 전기세트롤을 예열하여 롤 중앙에 색상을 확인한다. 예열 전에는 빨간색, 예열된 후에는 검은색을 띤다.
- 섹션을 나누어 모발의 길이와 웨이브의 크기, 볼륨 정도에 따라 롤을 선택하여 와인딩한다.
- 10분 후 열이 식었는지 확인한 후 와인딩 된 롤을 풀어준다.

② 주의사항
- 와인딩 시 모발 끝이 꺾이지 않도록 깔끔하게 와인딩한다.
- 전기세트롤이 뜨거우므로 손이 직접적으로 롤에 닿지 않도록 롤의 튀어나온 부분을 잡고 와인딩한다.
- 두피가 뜨거울 수 있으므로 확인하고 뜨거운 부위는 티슈나 열 보호대를 끼워둔다.

2) 와인딩 종류

① 수평 와인딩

모근에 볼륨을 주기 위한 와인딩 방법이다.

② 수직 와인딩

모발에 방향감을 주기 위한 와인딩 방법이다.

③ 모발에 볼륨감과 웨이브가 형성된 사진

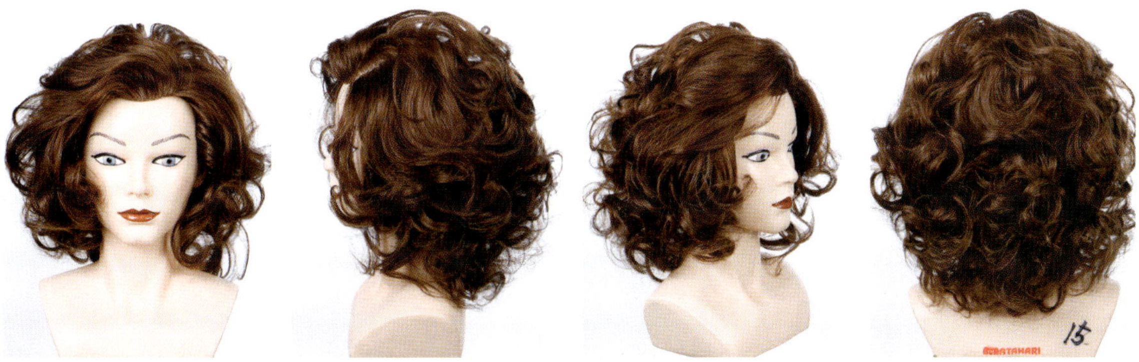

(2) 백콤(Back comb)

1) 백콤넣기

모든 업스타일이 백콤을 넣어서 하는 것은 아니다. 양감 표현과 효과적인 작업을 위한 수단으로 백콤을 넣는다. 백콤을 넣는 목적의 대부분은 볼륨을 잡기 위한 작업이지만 핀의 고정을 위한 백콤, 원활한 컨트롤을 위한 백콤, 모발의 흐트러짐을 방지하기 위한 백콤 등이 있고 볼륨을 없애기 위한 목적의 백콤도 있다. 백콤을 넣는 목적이 무엇인지에 따라 방향, 백콤의 양, 백콤의 밀도, 백콤의 높이, 두께 등을 조절하며 백콤을 넣는다.

① 백콤의 원리

면 백콤으로 본 씨실과 날실

※백콤을 넣고 난 상태는 날실과 씨실 관계처럼 백콤의 역할(씨실)의 모발과 마지막가지 텐션을 유지했던 날실의 모발 두 종류로만 이루어져야 한다. 휘어져 늘어진 듯 불분명한 모발이 중간에 섞여있으면 잘못된 백콤이다.

모근을 향해 빗으로 모발을 밀어 넣어 모발을 구겨 쌓는 작업이다. 편작물의 날실(a)과 씨실(b)의 관계처럼 백콤 작업을 하고 나면 어중간하게 늘어져 있는 모발과 딱딱하게 뭉친 모발 없이 섹션의 두께를 유지하고 부드럽고 쿠션감이 느껴지는 상태가 좋은 백콤이다.

빗을 모근의 방향으로 밀어 넣는 첫 번째 목적은 잡고 있는 손가락 사이 모발이 빗의 마찰에 의해 빠져나와 텐션을 잃게 하는 작업이며 두 번째 목적은 첫 번째 목적에 의해 달성된 텐션 잃은 모발을 모근에 밀어 넣는 것이다. 이것이 백콤이 들어가는 원리이다.

② 백콤의 3요소
섹션의 텐션, 빗살 끝의 운동(롤링의 힘), 늘어진 모발 3가지가 상호균형을 유지하며 하나라도 문제가 없을 때 백콤이 원활하게 이루어진다.

2) 백콤을 잘 넣기 위한 테크닉 포인트

① 섹션의 텐션 유지가 백콤의 첫째
와인딩을 하기 위하여 빗질 할때와 잡을 때의 텐션을 연상하라.
한번 잡은 텐션은 작업이 끝날 때까지 기본적으로 흐트러짐이 없다.
드라이, 와인딩, 커트의 섹션도 텐션을 끝까지 유지한다.

② 결정적인 것은 섹션과 빗을 어떻게 잡고 어떻게 밀어 넣는가에 있다.
빗은 떨어뜨리지 않을 정도의 힘으로 잡고 힘을 쓸 때에는 빗을 밀듯이 힘을 쓴다. 섹션 역시 당기면서 잡고、잡고 나서 당기지 않는다.

③ 빗으로 모발을 밀어 넣는다고 생각하지 말고 섹션에서 끌어내린다고 생각하라.
늘어진 머리를 만들지 못하면 백콤이 들어가지 않는다. 빗이 모근을 향해 밀면서도, 섹션을 잡고 있는 손가락에서 모발을 끌어내려 늘어진 머리를 만들고 다음 단계의 원활한 백콤을 돕는다. 엄지와 검지의 힘으로 압박하여 잡으면 모발이 빠져나오지 않고 섹션의 텐션이 쉽게 흐트러진다.

④ 백콤은 빗살 끝으로
어떤 도구든 힘은 끝에서 나온다.
빗살 끝과 빗 끝에 힘의 중심을 실어 백콤을 넣는다.

⑤ 필요한 부위에 필요한 만큼을
드라이 시에 모든 두상 부위에 볼륨을 잡지 않는다. 위치에 따라 볼륨이 다르다. 불필요한 백콤으로 시간을 허비하지 마라.

⑥ 빗살의 회전은 손목으로
손가락은 물체를 잡는 기능이며 손목은 돌리는 기능(회전)을 한다. 손가락을 사용하여 빗을 회전시키면 롤링도 부정확하고 빗살 끝에 힘이 실리지 않는다. 모근을 향해 밀고 들어갈 때에도 팔목 관절을 사용한다.

3) 백콤 관련 Q&A

Q. 빗으로 두피를 향해 모발을 밀어 넣으면 백콤이 된다?

A. 빗은 모발을 밀어 넣는 것이 아니라 섹션을 잡고 있는 손가락에서 머리카락을 빼내주는 연합이 1차 적이다. 더불어 2차적으로 밀고 들어가고 1차의 역할에서 머리를 빼내주지 못하면 백콤이 잘 이루어지지 않고 뭉치면서 딱딱해진다.

Q. 백콤 상태의 머리는 풀기가 어렵다?

A. 부드럽게 엉킨 실은 쉽게 풀리지만 엉킨 실이 조여진 상태라면 풀기 어렵다. 빗살 끝으로 넣지 않고 빗 몸으로 밀어 넣으면 짓눌리거나 강하게 엉킨 백콤이 된다.

Q. 백콤이 볼륨을 만든다?

A. 드라이, 퍼머는 모근이 들려 볼륨이 형성된다. 업스타일의 볼륨도 모근이 들린 상태가 이상적인 볼륨이다. 백콤 자체는 볼륨을 나타내지 못한다. 볼륨은 모근이 쓰러지지 않으면서 나타나는 것으로 백콤은 모근이 쓰러지지 않도록 도와주는 역할을 한다. 백콤은 볼륨의 조연 자다.

Q. 백콤을 넣고 나서 백콤된 섹션을 찢는다?

A. 방사형의 방향을 유지하기 위한 분배의 목적으로 가르는 경우는 있지만 뭉쳐서 찢어야만 한다면 기본적인 백콤에 문제가 있다. 이럴 경우 백콤을 넣는 과정에 찢기를 포함시킨다.

백콤은 모발을 빗어 두피로부터 세운 후에 두피 쪽으로 밀어 서로 엉킨 공간을 스타일에 응용하는 것이며 이것은 토대를 형성하고 모량을 조절, 볼륨을 형성하며 핀 꽂을 공간을 확보함으로써 업스타일을 용이하게 한다. 백콤이 된 모발은 한 다발로서 움직임을 같이하여 방향성과 움직임을 표현할 수 있으며 머리다발이 자연스럽게 연결되어 펼쳐질 수 있게 한다. 백콤이 된 모발의 거칠음이 표면으로 드러나지 않도록 주의한다.

4) 각도(Angle)에 따른 백콤

백콤은 각도에 따라서 볼륨의 차이가 크게 달라진다. 볼륨에 따라 디자인의 실루엣이 결정되고 또 전체와의 조화가 달라진다. 보통 90~120° 이상(많은 볼륨), 90° 이하(적은 볼륨)로 볼륨을 조절한다. 스트랜드의 가로 넓이는 5cm, 세로 폭은 2~3cm로 해서 디자인에 따라 높고, 낮음의 각도 개념을 이해하면서 시술해 나간다.

5) 방향(Direction)에 따른 백콤

디자인에 따라 손에 잡힌 한 가닥의 스트랜드를 보내고자 하는 위치가 어디인지를 먼저 예상하고 그쪽으로 향해 끌고 가면서 백콤 작업을 해나가야 한다. 이 작업을 통해 업스타일에서 매끄럽게 처리된 것을 질감으로 느낄 수 있는 것이다. 백콤 작업이 잘못되면 오히려 업스타일을 하는 데 방해요인이 될 수 있다.

6) 필요(Need)에 따른 백콤

모발 조건에 따라, 두상의 골격에 따라 또는 작품의 디자인에 따라 백콤은 필요한 부위에만 들어가는 것이 바람직하다. 먼저 디자인에 맞게 블로킹한 다음, 백콤이 많이 들어가야 하는 부분과 약하게 들어 가야하는 부분, 반면에 백콤이 들어가서는 안 되는 부분도 있으므로 디자인에 맞게 필요한 부분에만 백콤을 넣어줌으로써 깔끔하고 세련된 업스타일을 연출할 수 있다.

7) 용도별 백콤의 분류

① 모근에 볼륨을 주기 위한 백콤

모근에 볼륨감을 주는 방법으로 모발 스트랜드 각도를 전방 45°로 놓는다.

꼬리빗을 모발 끝부위의 모발에 45° 각도로 놓고 빗을 회전하며 모발을 모근까지 길게 끌고 내려와 단단하게 눌러준다. 반복 동작으로 모발을 엮어 볼륨감을 만든다.

Tip : 빗 끝이 모발 바깥으로 나오지 않도록 모발의 겉머리를 쓸고 내려오는 느낌으로 백콤을 넣어준다.

② 모근 부위에 힘을 주기 위한 백콤

볼륨감보단 모근 부위에 단단한 힘을 주는 방법으로 모발을 위로 세울 때 사용하는 방법이다. 자연시술각 90˚로 모발을 들어 올려 모근쪽을 향하여 짧게 짧게 백콤을 반복하여 넣어준다.

③ 면을 연결하기 위한 백콤

흩어지는 모발을 면처럼 엮어 갈라짐을 없애는 방법으로 패널을 아랫부분에서 빗을 45˚로 넣어 모근을 향해 백콤을 넣어준다. 이때 엉킴이 패널 위로 보이지 않도록 아랫부분 겉머리만 살짝 넣어주는 것이 중요하다.

④ 브러쉬를 활용한 백콤

브러쉬를 이용해 백콤을 넣는 방법으로 빠른 시간 내에 백콤을 넣을 수 있고 큰 볼륨감을 형성할 수 있으나 꼬리빗을 사용하는 것보다 힘이 약하다.

⑤ 손가락을 이용한 백콤

빗을 사용했을 때보다 가볍게 백콤을 넣을 수 있다.

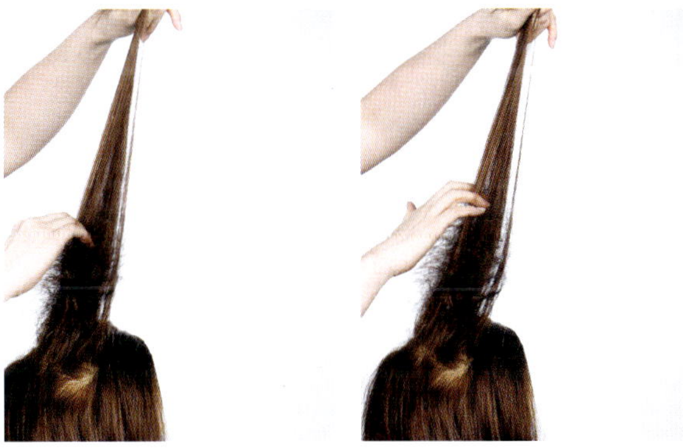

⑥ 백 사이드(Back side) 부분의 볼륨을 위한 백콤

백 사이드 부분에 사선 섹션을 나눈 후 각도를 다운시켜 백콤을 넣어 볼륨감을 형성한다.

⑦ 네이프(Nape) 부분에 볼륨을 주기 위한 백콤

네이프 부분에 모발 각도를 다운 시킨 후 패널의 윗면 백콤을 넣어준다.

⑧ 백콤을 풀어주기 위한 빗질 방법

브러쉬를 사용해 모발 끝부터 엉킨 모발을 좌우로 번갈아 찢듯이 빗질하여 올라간다.

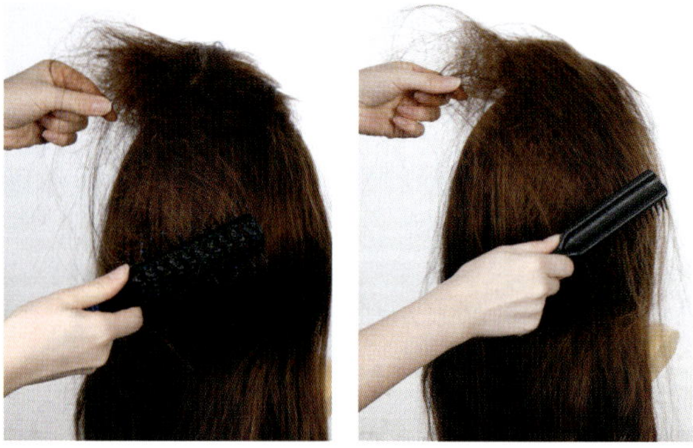

Tip : 광택 스프레이나 트리트먼트, 린스를 도포 후 빗질할 경우 더 쉽게 엉킨 모발을 풀 수 있다.

(3) 핀꽂기

1) 핀꽂기

① 핀 잡는 방법

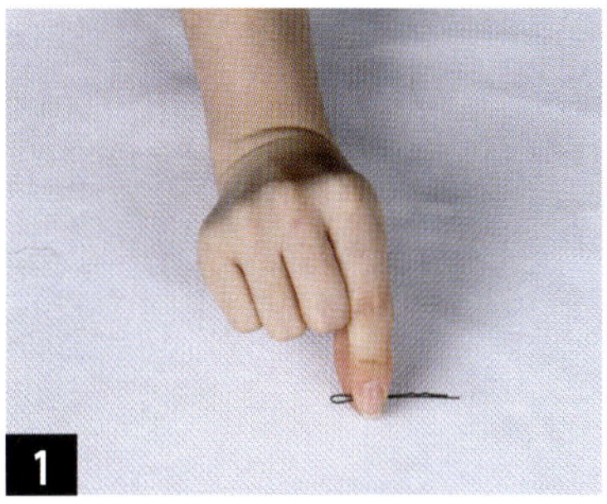

1. 실핀 1/3 지점 끝부분을 엄지와 검지를 사용해 수직 방향으로 잡는다.

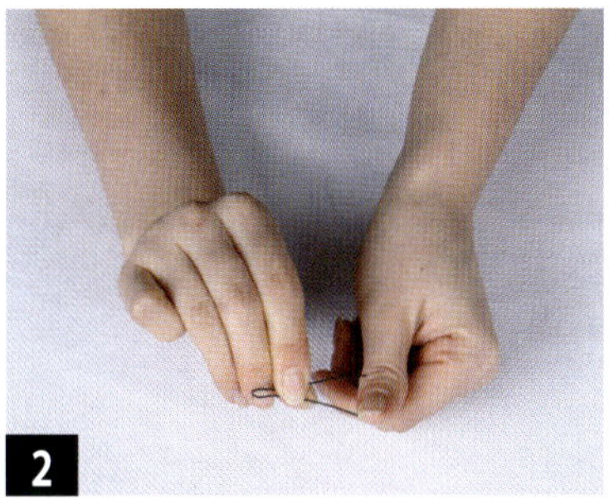

2. 중지를 실핀 끝부분 위에 살짝 올린 뒤 반대 손 엄지로 눌러주어 사이를 벌린다.

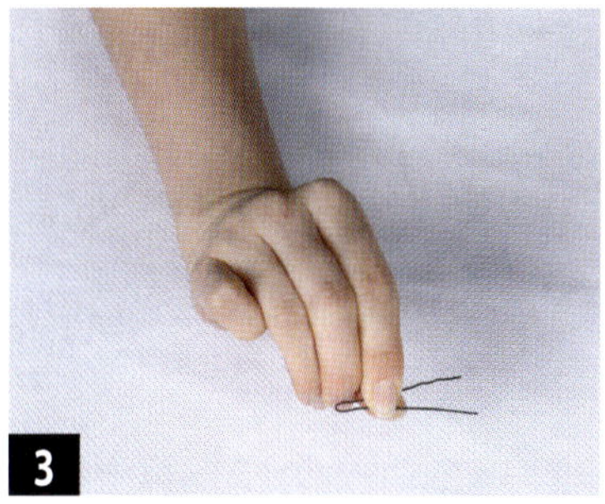

3. 벌어진 부분을 엄지와 검지로 잡아 지탱한다.

② 실핀 꽂는 방법

1. 두상과 수직으로 핀을 놓는다.

2. 모근쪽을 쓸어 실핀이 두상에 밀착될 수 있도록 밀어 넣어준다.

③ 수평 꽂기

넓은 수평면을 고정할 때 사용한다.

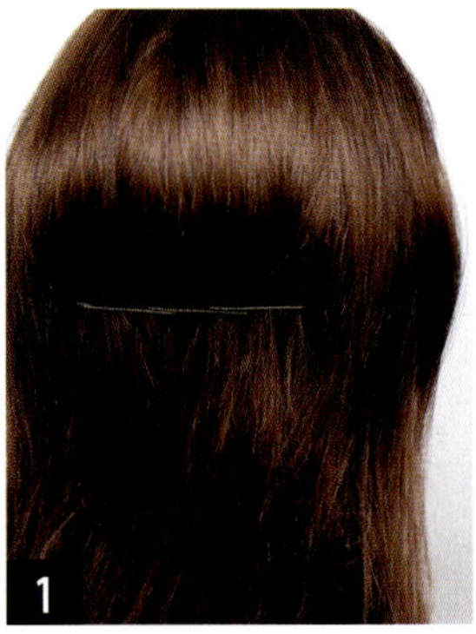

1. 실핀의 1/3 지점을 교차시켜 수평으로 꽂는다.

④ 수직 꽂기

수직의 넓은 면을 고정시킬 때 사용한다.

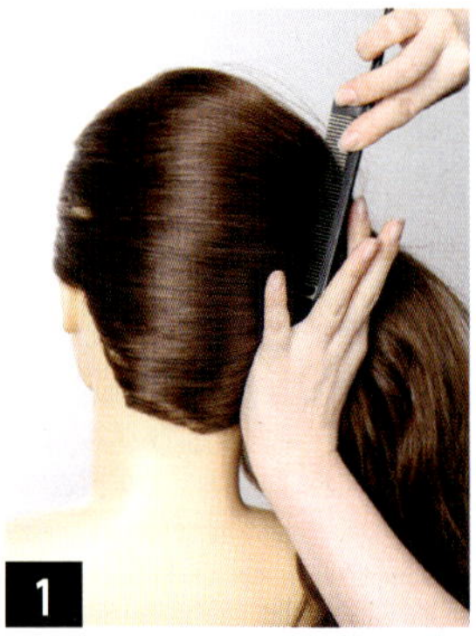

1. 모발을 한쪽으로 빗질하여 모발이 늘어지지 않도록 단단하게 잡는다.

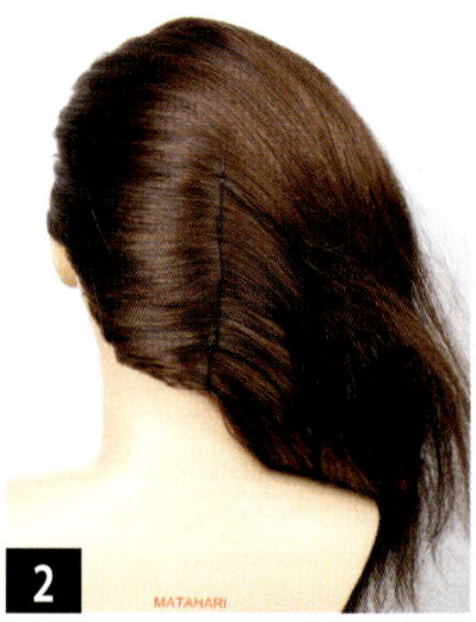

2. 네이프 부분부터 윗 방향으로 실핀을 1/3씩 교차시켜 모발이 빠져나오지 않도록 고정한다.

⑤ 교차 꽂기

짧은 모발을 고정하거나 모량이 많은 경우 사용하는 고정 방법이다.

1. 실핀의 열어진 1/3 부분을 지그재그로 교차하여 꽂는다.

⑥ 모발 안쪽으로 밀어넣어 꽂기

실핀을 보이지 않도록 꽂는 방법

1. 모발을 한쪽 방향으로 회전하여 회전한 모발 한 가닥을 실핀으로 잡는다.

2~3. 모발 안쪽으로 밀어 넣어 고정한다.

⑦ 실핀으로 모발 묶기

모발 한 가닥을 이용해 머리를 묶고 실핀으로 고정한다.

1. 모발 한 가닥을 빼내어 돌려 감아 준다. 모발 끝을 실핀에 한 바퀴 감는다.

2. 실핀을 위에서 아랫방향으로 묶은 부위에 꽂아준다.

(4) 묶기

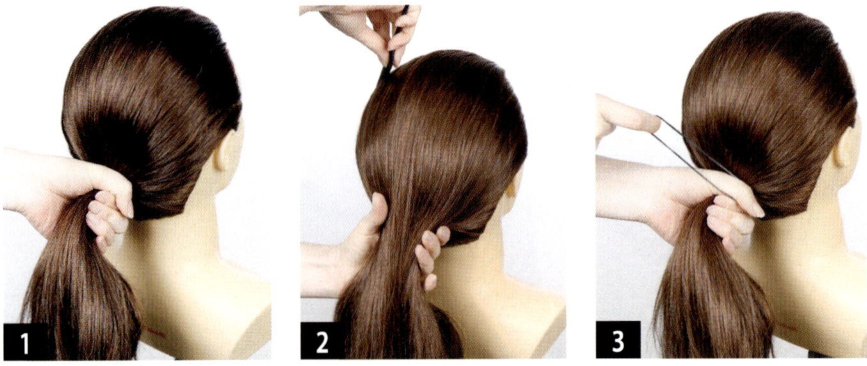

1~3. 모발을 잡고 시계방향으로 빗질하여 묶을 위치에 손을 안착시키고 엄지손가락에 고무줄을 끼운다.

4. 고무줄을 회전하여 모발을 감싼 뒤 고무 양 끝을 교차시켜 한쪽을 빼 모발을 넣어준다.

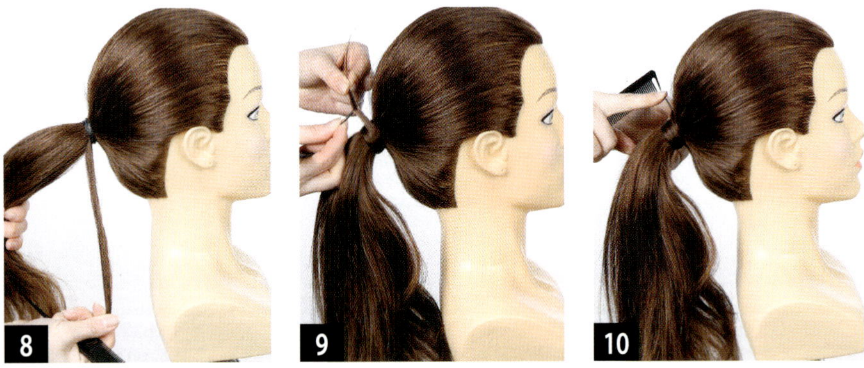

8~10. 모발 한 가닥을 잡아 머리끝이 보이지 않도록 감싼 후 실핀으로 고정한다.

1) 모발의 양이 많을 경우

두 개의 고무줄을 교차시켜 놓은 후 아래 위치한 고무줄에 손을 넣어 위로 교차 된 고무줄을 당기면 엮이게 되며 고무줄의 길이가 늘어나 많은 양의 모발을 묶어줄 수 있다.

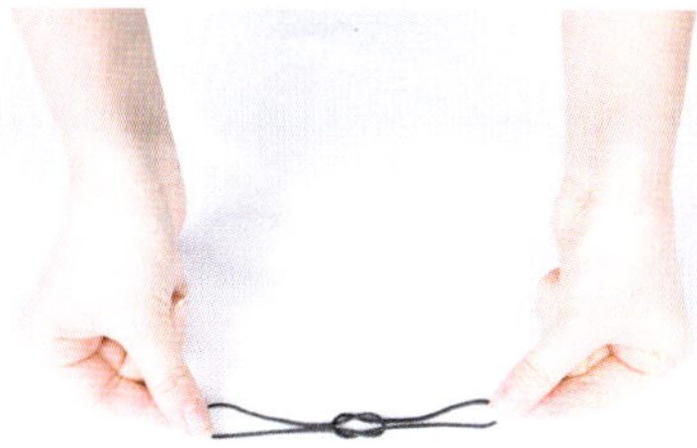

2) 실핀을 활용한 묶는 방법

고무줄 양 끝에 실핀을 꽂은 후 잡은 모발에 실핀을 수직으로 꽂아 넣고 돌려 묶은 후 남은 실핀을 수직으로 꽂아 고정한다.

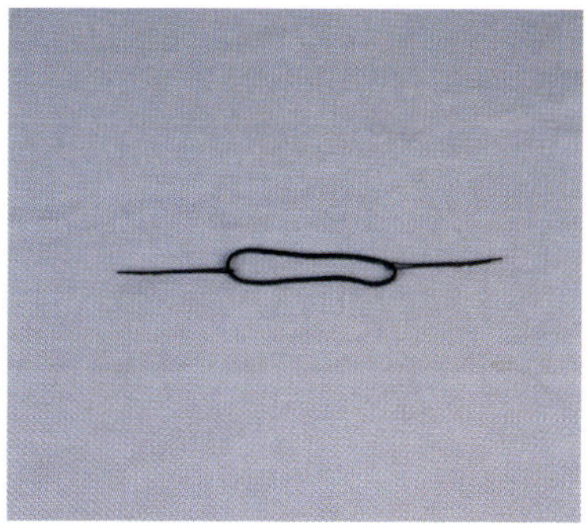

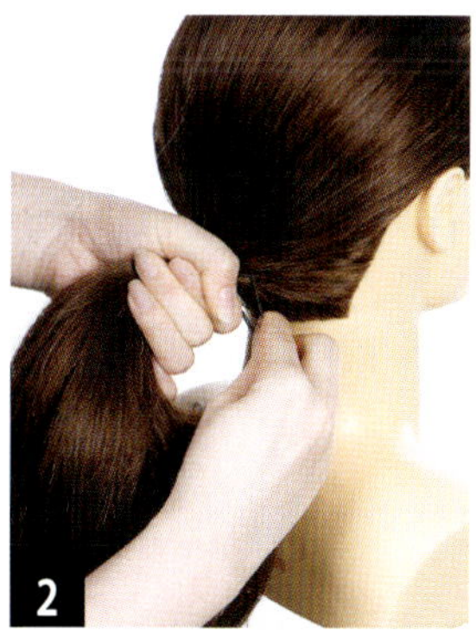

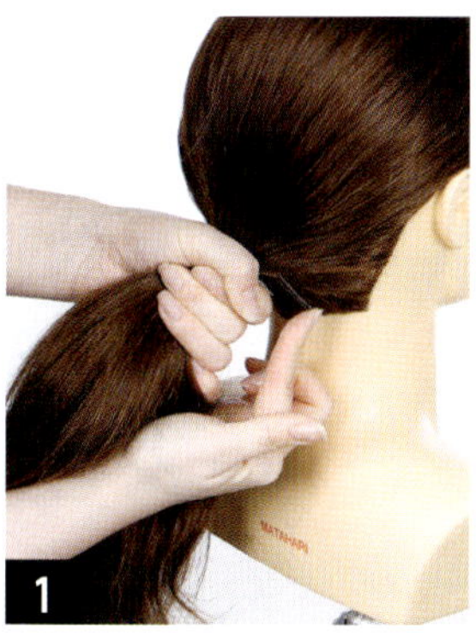

(5) 토대(Base)

토대(Base)란 집을 받쳐주는 주춧돌과 같이 디자인의 베이스, 기초가 되는 것으로 업스타일 시 형태를 견고하게 고정하기 위한 중심 부분을 말하며 핀 꽂는 자리를 형성하고 볼륨감을 만든다. 업스타일은 두상 내의 지점에 머리다발을 묶거나 비틀어 핀으로 고정하거나 싱을 얹어 모발량을 조절하여 토대를 만들어서 시작하고 토대의 위치에서 마무리가 끝난다고 할 만큼 중요한 의미가 있다. 토대는 두상과 모량, 모질의 조건 그리고 디자인을 고려해서 넓이, 높이, 위치를 결정한다.

토대의 종류로는
① 백콤을 넣지 않고 모발을 묶어 토대로 사용하는 묶음토대
② 짧은 모발에 주로 사용되며 모근부분의 강한 백콤이 필요한 백콤 토대
③ 핀을 두피에 고정하여 토대를 만드는 핀 토대
④ 토대를 만들어야 하는 위치에서 그 부분의 머리를 두 가닥, 혹은 세 가닥으로 꼬거나, 땋기를 하여 만든 회전 토대가 있다.

업스타일의 형태를 견고하게 고정하기 위한 중심 부분을 말하며 핀꽂는 자리 형성과 볼륨감을 만든다.
– 꼬기 기법을 활용하여 한 방향으로 모발을 꼬아 똬리를 틀어 실핀으로 고정하여 토대를 형성한다.

〈꼬기 기법을 활용하여 모발을 꼬거나 똬리를 틀어 실핀으로 고정한 토대〉

(6) 망 사용방법

망 사용 시 모발이 빠져나오지 않도록 할 수 있으며 다양한 모양을 연출하기 쉽다.

1. 망 끝에 실핀을 걸어 묶은 부위에 수직으로 밀어 넣는다.

2. 모발에 망을 감싸준다.

3. 실핀으로 풀어지지 않도록 고정한다.

(7) 응용 테크닉

업스타일 디자인 시 주로 많이 사용되는 기법

1) 땋기(Braid)

땋기는 세 가닥 또는 그 이상의 머리 가닥을 교차하여 엮어내는 방법으로 종류로는 세 가닥 땋기, 네가닥 땋기, 다섯가닥 땋기, 여러 가닥 땋기, 한쪽 끌어 땋기, 양쪽 끌어 땋기 등 다양하게 표현된다. 사용되는 머리 가닥과 숫자에 근거하여 분류되고, 크기는 가닥의 크기와 섹션의 나누기 패턴은 다양하나 기본 땋기 기법은 같다.

땋기는 다양한 디자인 연출을 위하여 천체축의 어느 선을 따라서든지 놓여질 수 있다. 두상의 모양에 밀착된 땋기를 하기 위해서는 머리를 똑바로 든 상태에서 땋기 시작하고 땋은 모양이 들리지 않도록 손가락을 두상에 밀착시켜 시술한다. 업스타일에서 땋기는 발랄하거나 어려 보이는 효과를 낸다.

① 세 가닥 땋기 방법

1. 손바닥이 위를 향하게 하여 왼손 엄지와 검지에 ①, 검지와 중지 사이에 ②, 모발을 잡고 오른손은 엄지와 검지에 ③, 모발을 잡는다.

2. 왼손을 뒤집어 준다.

3. 오른손 중지로 ① 모발을 가져온다.

4. 왼손은 중지에 있던 ② 모발을 다시 엄지와 검지로 옮기고 오른손을 뒤집어 준다.

5. 다시 반복하여 중지로 ③ 모발을 가져오면서 땋아준다.

② 네가닥 땋기방법

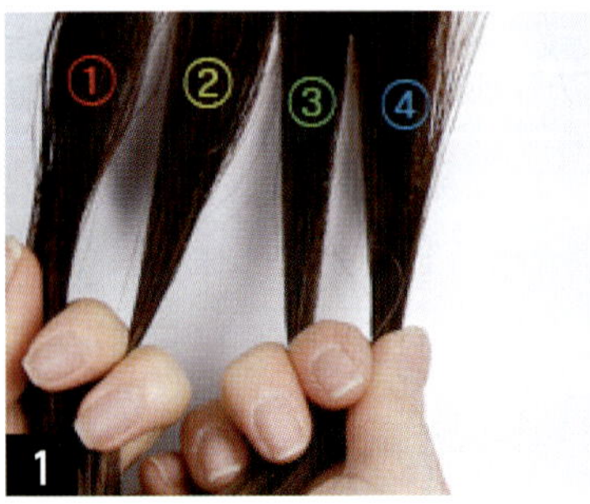

1. 오른손과 왼손 엄지와 중지 사이에 ①, ②, ③, ④의 모발을 잡아준다.

2. 오른손을 뒤집어 ③, ④의 모발을 교차시킨다.

3. ④번 모발이 아래로 ②번 모발이 위로 향하게 하여 교차시킨다.

4. ④번 모발이 ①번 모발 위로 교차한다.

5. ③번 모발이 ②번 위로 교차한다.

6. 중앙에 있는 ①, ③ 모발을 교차한다.

7~9. 반복적으로 교차시켜 땋아준다.

2) 겹치기(Overrap)

겹치기는 두 개의 머리 가닥을 서로 반대쪽 가닥 위로 겹쳐서 십자 겹침 효과를 얻는 것으로, 가닥의 크기나 섹션의 크기는 완성된 결과의 십자형 패턴에 큰 영향을 미친다.

종류는 두 가닥 위로 겹치기, 두 가닥 아래로 겹치기 등이 있다.

겹치기는 두 개의 머리 가닥을 서로 반대쪽 가닥 위로 겹쳐서 십자 겹침 효과를 얻는 것으로, 가닥의 크기나 섹션의 크기는 완성된 결과의 십자형 패턴에 큰 영향을 미친다.

종류는 두 가닥 위로 겹치기, 두 가닥 아래로 겹치기 등이 있다.

1. 두 가닥 모발을 잡는다.

2. 모발을 반대 반향으로 교차시킨다.

3. 모발의 바깥 방향 1/3을 검지로 나누어 반대쪽 방향으로 교차시킨다.

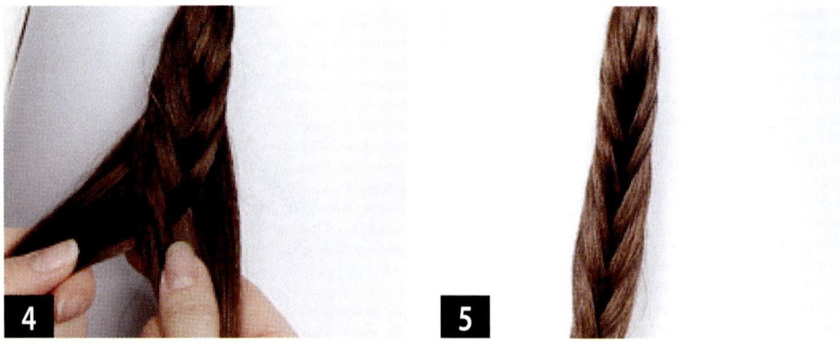

4~5. 반복 동작으로 겹친다.

3) 꼬기(Twist)

모발을 꼬아 밧줄 형태의 모양을 만드는 것으로 한 가닥 꼬기, 두 가닥 꼬기, 세 가닥 꼬기 등이 있다. 머리 가닥의 크기와 이에 적용되는 텐션은 꼬기의 모양을 결정한다. 크기와 텐션은 큰 것에서 작은 것으로, 느슨한 것에서 타이트한 것으로 변할 수 있다.

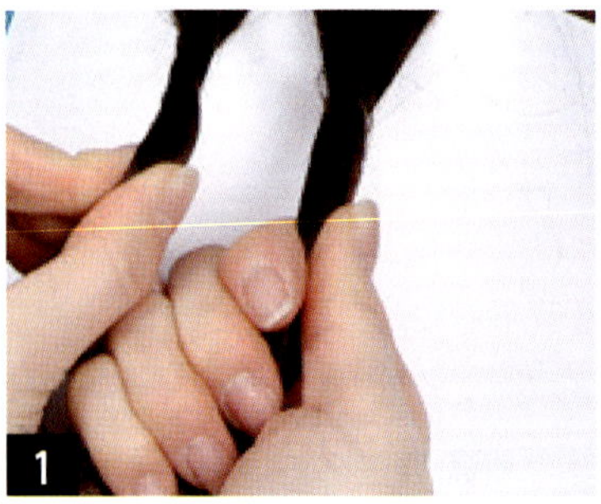

1. 시계 반대 방향으로 꼬아준다.

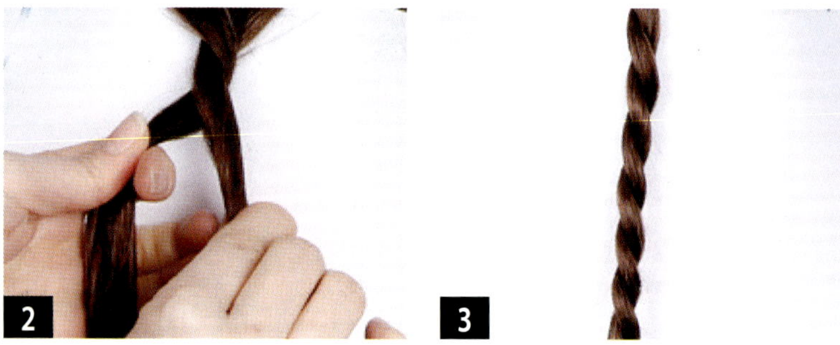

2~3. 두 가닥의 모발을 시계방향으로 교차시키며 꼬아준다.

4) 매듭(Knot)

매듭은 머리 가닥 하나 혹은 여러 개를 함께 엮거나 묶어주는 것으로 한 가닥 매듭, 두 가닥 매듭, 여러 매듭 등이 있다. 동일한 방향으로 만들어진 매듭은 시선을 가운데로 이끌고 균형이 잘 잡힌 모양을 만들어 준다. 위치나 방향에 따라 여러 형태로 연출이 가능하다.

① 한 가닥 매듭의 예

한 가닥의 모발을 동그랗게 만들어 모발 끝을 원 안에 넣고 당겨 매듭을 짓는다.

1. 한 가닥 모발을 동그랗게 만든다.

2. 모발 끝을 원 안에 넣고 뺀 뒤 당겨주어 매듭의 크기를 결정한다.

5) 말기(Roll)

말기는 스트랜드를 곱게 펴서 그 자체 내에서 말거나 감는 기법으로 수직말기, 수평말기, 원통말기 등의 종류가 있다.

① 모발을 동그랗게 말아 모발 끝을 안으로 넣은 형태

1. 모발을 잡고 안에 공간이 생기도록 하여 말아 준다.

2. 모발 끝을 안으로 넣어준다.

6) 고리(Loop)

고리는 머리 가닥을 접거나 구부리거나 동그랗게 하여 곡선의 모양으로 연출하는 것을 말하며 곡선을 조절하여 크기를 정할 수 있다. 머리 가닥을 말기 전의 손가락의 위치는 고리의 고정 위치와 크기를 결정하고, 디자인에 있어서 고리의 숫자가 증가할수록 패턴은 더 복잡해진다. 고리는 어디에서든 놓여질 수 있고, 다른 고리의 옆이나 위에 놓여 있으면 형태를 확장하고 더 많은 볼륨을 만든다. 또 고리는 여러 모양으로 변형시킬 수 있으며 볼륨과 모양에 질감을 주기 위하여 모양의 안쪽에 백코밍을 넣을 수도 있다.

① 모발을 구부려 동그란 곡선을 만든 예

1

1. 모발을 구부려 동그란 곡선을 만든다.

7) 롤(Roll)

소라머리라고 하는 롤(roll)은 한쪽 면과 다른 한 면과의 양감의 격차를 두어 두상에 양감을 만드는 디자인으로 소라 스타일, 겹치기 스타일 또는 말기(roll)라고 불린다.
트렌드나 얼굴형 그리고 장소에 구애받지 않고 실용성이 높은 기법 중 하나이며, 기법 자체가 하나의 스타일로 사용될 수 있고, 짧은 머리의 경우 네이프 부분을 정리하는 기술로 부분적으로 사용되기도 한다.
롤을 두상에 하나 또는 두 개를 표현할 수 있으며, 두 개를 표현할 경우 위치, 크기, 비율에 따라 다른 이미지를 나타내며 다양한 질감을 표현할 수 있다.
소라머리 스타일은 업스타일에서 가장 기본이 되는 스타일로 균형, 백콤의 정확도, 핀 꽂기의 고정력, 면의 정리 등을 평가할 수 있는 대표적인 작품이다.

(8) 상위 업스타일과 하위 업스타일

① 상위업스타일 패턴
- 상위 양감, 상위 내추럴

② 하위 업스타일 패턴
- 하위 양감, 하위 쪽

1) 업스타일의 상위, 하위 스타일의 이해

업스타일의 상위와 하위의 대비적 표현으로 명확한 형태가 분명한 두 스타일을 비교해 업스타일의 구성을 이해한다. 업스타일의 기본형이라 할 수 있는 상위 업스타일이 화려하면서 커리어우먼의 이미지라면, 하위 업스타일은 여성적이고 로맨틱한 이미지를 갖는다. 상위 스타일은 포인트가 G.P를 중심으로 놓여 전면의 실루엣에 두상을 강조한 스타일로 하위에 비하여 얼굴에 차지하는 머리의 비중이 높다. 따라서 얼굴형에 어울리는 형태의 심도 있는 조형감각이 요구된다. 하위 스타일은 전면의 실루엣으로 두상보다는 턱 선을 보완하는 실루엣이기 때문에 얼굴 중심의 업스타일이다. 의상, 메이크업에 문제가 없다면 얼굴이 강조되어 헤어의 비중이낮아지기 때문에 이미지 손상이 발생할 가능성이 낮다.

① 상위(上位) 업스타일

G.P를 중심으로 B.P 위에 놓이는 스타일을 상위 업스타일의 범주에 둔다. 상위 업스타일에서 G.P의 볼륨 포인트와 사선의 축 방향으로 개성적이면서 자신감 있는 표현이다. 예전에는 주로 T.P에서 볼륨을 줬지만 최근 G.P로 볼륨의 중심이 이동되면서 시대 흐름에 따른 변화가 이루어지고 있다. 두부의 볼륨이 약하면 얼굴이 커 보일 뿐만 아니라 스타일이 갖는 성격이 약해져 시대성과 맞지 않다. 쇼트 커트에서 동일한 길이의 세임 레이어(Same Layer)의 경우 측두부의 볼륨이 두상을 따라 둥그런 볼륨으로 떨어져 부드러운 느낌의 동안 이미지를 주지만 개성적이지 못하고 시선이 얼굴 중심으로 닿기 때문에 콤플렉스가 두드러져 보일 수 있다.

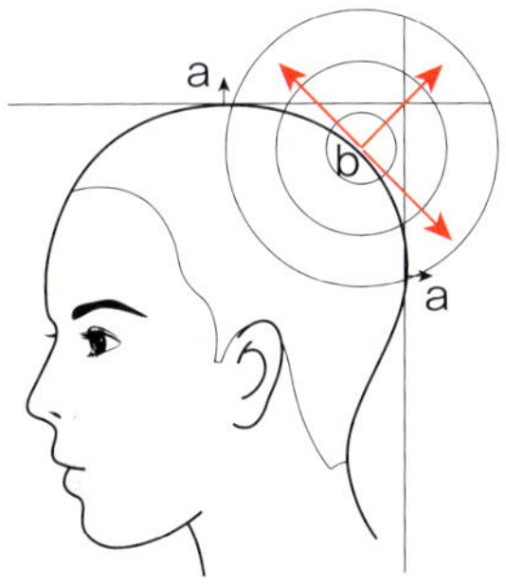

상위 업스타일

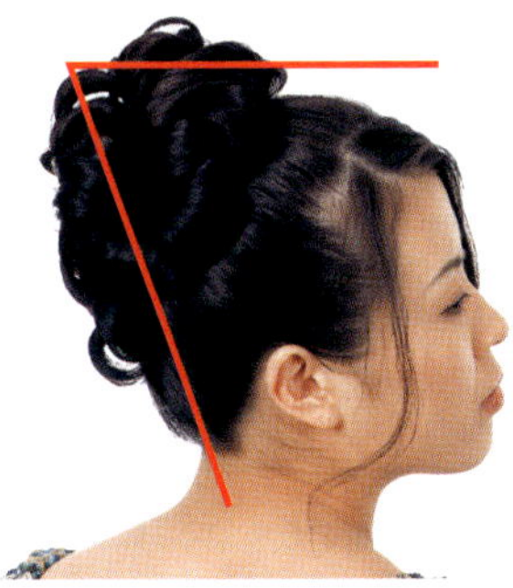
면에 볼륨이 없는 상위

면에 볼륨을 잡은 상위

② 하위(下位) 업스타일

포인트의 위치는 옥시피탈본(Occipital Bone)을 기준으로 그림 b의 포인트 크기가 커질수록 B.P 위로 자리하고 a의 볼륨도 커진다. 하위 업스타일은 묶음으로 연출되는 쪽패턴과 묶지않고 걷어 올려지는 양감패턴이 있다. 하위 업스타일에서는 상위 업스타일의 포인트 자리가 면으로 연출되고 측면은 네이프 포인트와 연결성 있게 연출한다. 두정부 면을 묶고 나서 연출하는 쪽패턴과 측면의 모발과 네이프 모발을 걷어 올려 포인트를 연출하는 양감 패턴이 있다. 예전의 업스타일 연출은 조작도가 낮고 모선의 자연스러움과 다양한 모발조건에 대응하기 쉬운 하위 양감 패턴이 주를 이루고 있다. 양감 패턴은 사이드, 백 사이드의 볼륨을 동일하게 목까지 길게 이어지듯이 떨어지는 특징을 갖는다.

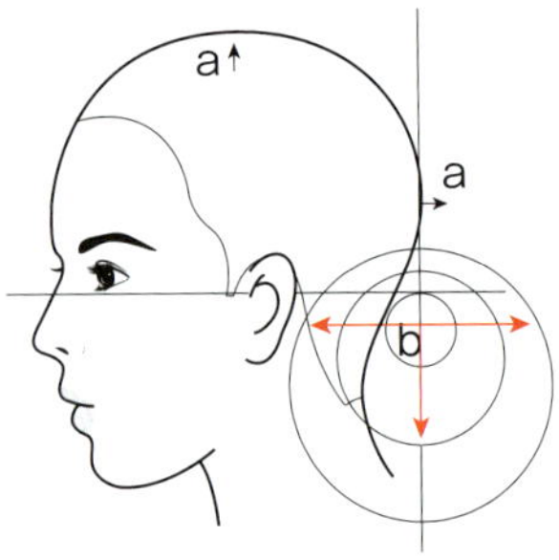

하위 업스타일

하위 쪽 패턴

하위 양감 패턴

2) 볼륨이 없는 타입의 상 · 하위 업스타일 작업 과정

	질감을 잡지 않는 경우(원 포인트 타입)		질감을 잡는 경우(투 블록 타입)	
	상위	하위	상위	하위
블로킹 도해도	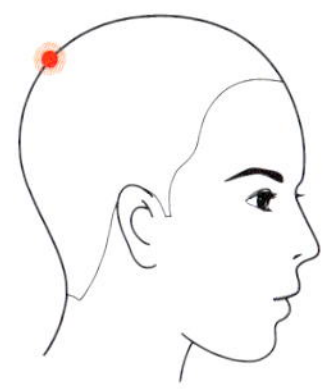	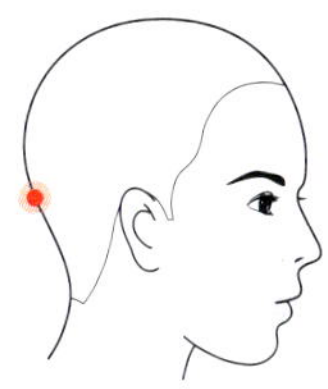	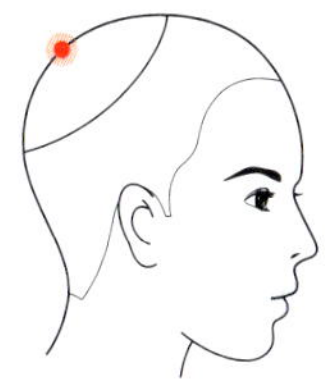	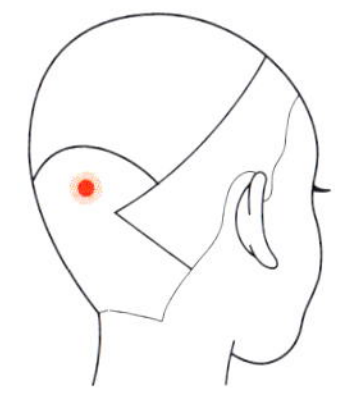
포인트의 위치와 블로킹		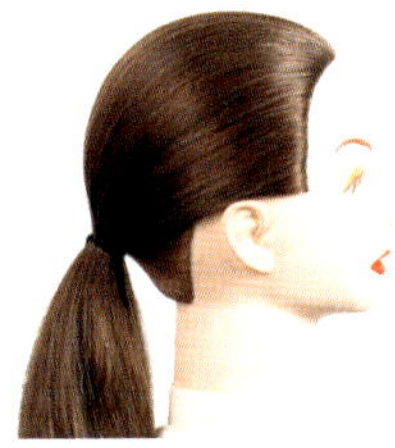		
토대 만들기		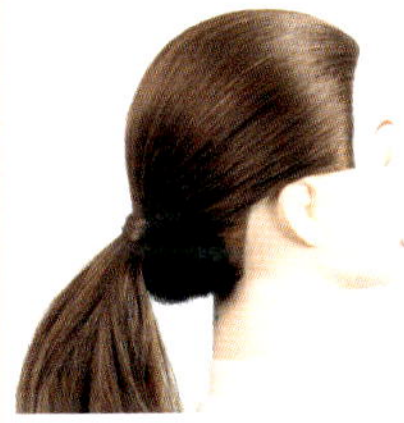		
완성				
설명	볼륨이 없는 타입의 상 · 하위 업스타일 작업 과정, 포니테일과 함께 단순한 묶음으로 표현되는 스타일로 귀엽고 발랄한 이미지, 어리거나 젊은 고객의 경우에 어울리며 성숙한 여성의 이미지로 적당하지 않다.		단순한 면에 변화를 넣어 보다 세련된 이미지를 연출하고자 할 때 라운드 블로킹의 투 블록을 두고 고객의 이미지에 맞춰 측면과 포인트를 꼬거나 땋기 등으로 연출한다. 머리 양이 적을 때에는 싱을 넣어 볼륨을 잡는다.	

※ 위와 같은 경우에는 모근의 조작도가 낮다. 따라서 젊거나 본인의 멋을 내기 위한 스타일이 아니라는 것을 알 수 있다. 본인 중심이 아닌 목적 중심으로 연주된 스타일. 업무의 일환으로 연출되는 경우가 많다.

3) 볼륨이 있는 타입(양감타입)의 상 · 하위 업스타일 작업 과정

	상위 스타일	하위 스타일	
	양감 패턴–블럭과 작업순서	시뇽(쪽) 패턴–블럭과 작업순서	양감 패턴–블럭과 작업순서
블로킹 도해도	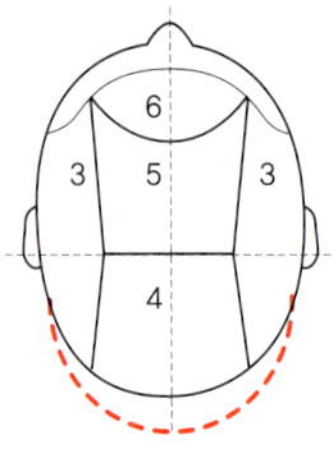	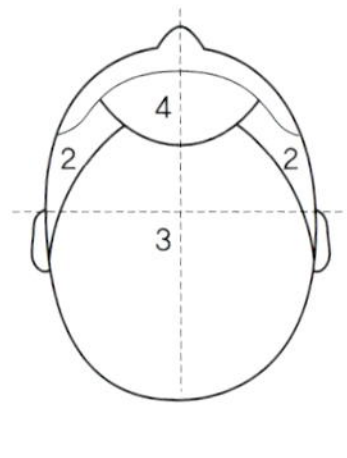	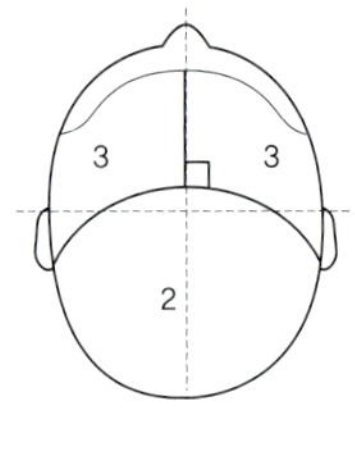
	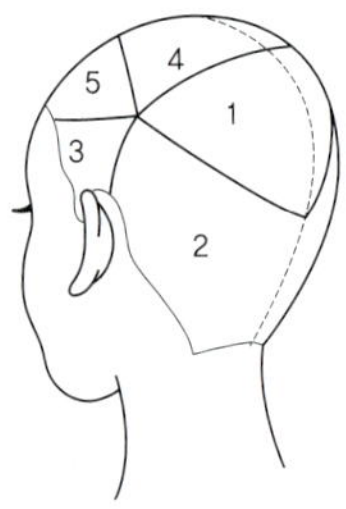	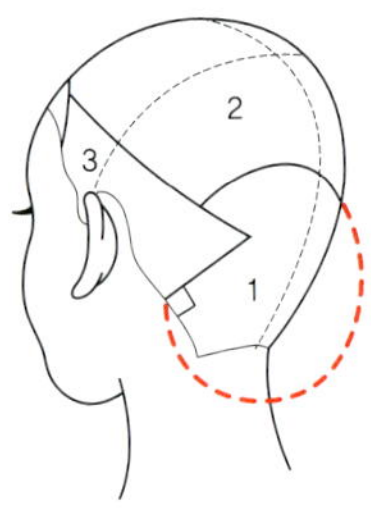	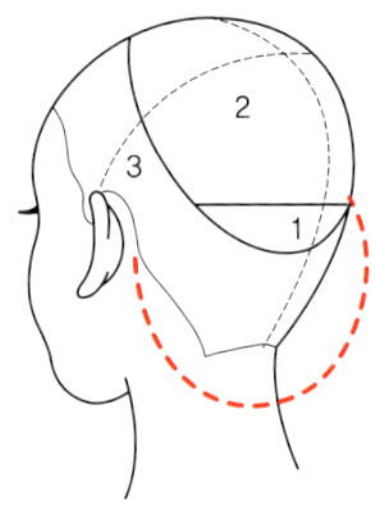
	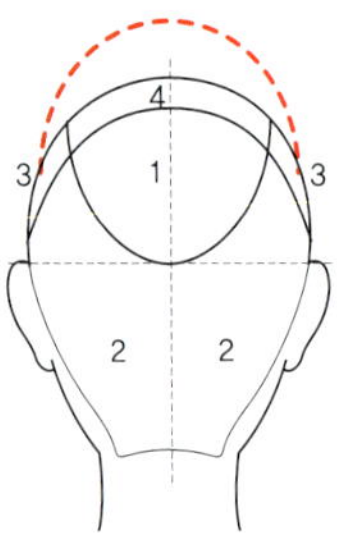	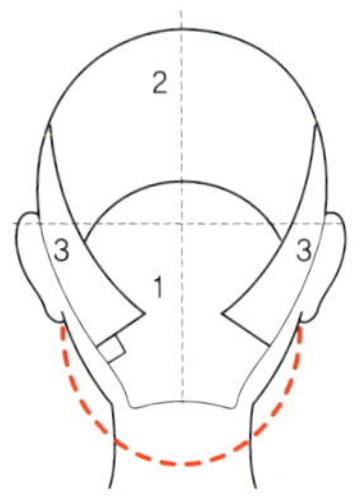	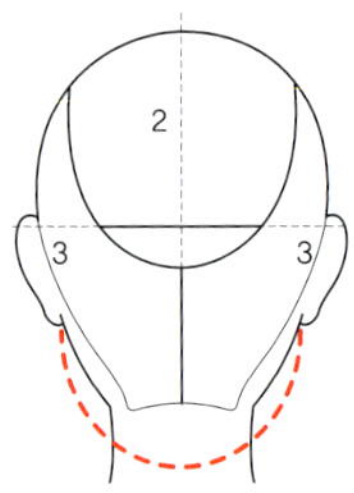
블로킹			
토대 만들기			

	상위 스타일	하위 스타일	
	양감 패턴–블럭과 작업순서	시뇽(쪽) 패턴–블럭과 작업순서	양감 패턴–블럭과 작업순서
백콤넣기	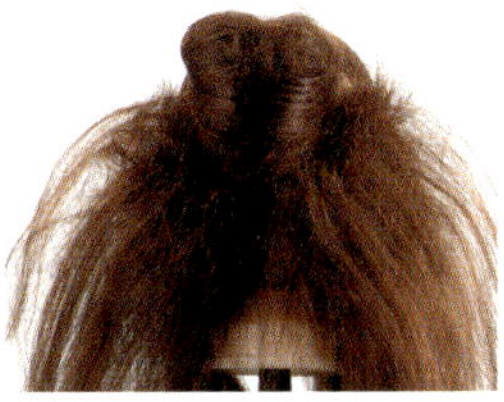	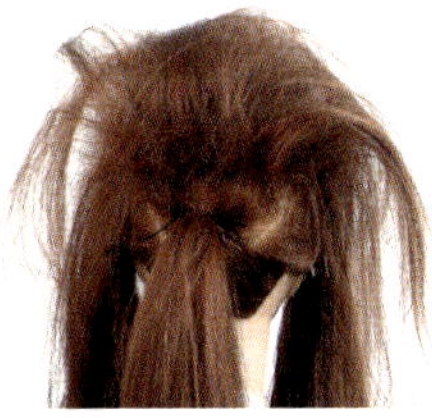	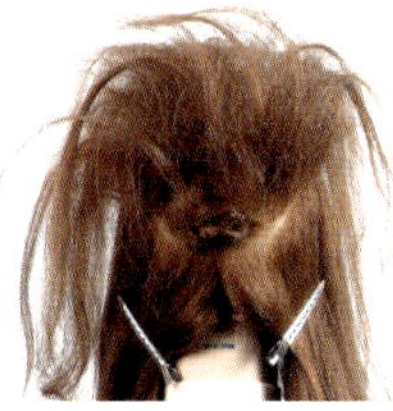
브러싱과 면의 결성			
사이드의 연출			
끝머리 연출과 완성			

※ 양감타입은 세팅과 백콤 또는 싱을 넣어 볼륨을 갖춘 업스타일을 말한다. 볼륨은 모근이 들린 결과로 나타나며 이는 모근 조작도가 높다는 것을 의미한다.
높은 조작도의 필요성은 얼굴형과 컴플렉스를 보완하는 목적이거나 외부에서 아름다움을 보완할 수밖에 없는 연령의 고객이다.
상대적으로 젊은 고객이면서 조작도가 높은 볼륨을 갖췄다면 의도한 이미지에 따랐거나 세련된 멋을 더해 개성을 강조하거나 품격에 맞게 연출된다.

9. 업스타일 시 고려 사항

(1) 고객 정보 파악

가장 먼저 고객의 정보(조건)를 파악해야 한다. 고객에게 어울리는 업스타일을 해주기 위해서 반드시 필요한 절차이다.

① T.P.O : 행사(모임)의 성격, 행사장소, 행사시간대
② 얼굴형, 얼굴크기와의 조화
③ 의상과의 조화
④ 신체적 조건 : 키, 체형, 모발(길이, 모질 및 모류 방향)연령대가 낮을수록 작고 심플한 스타일 선호

(2) 얼굴형에 따른 형의 보완과 볼륨

1) 얼굴유형에 따른 형(形)의 보완

헤어의 작업은 궁극적으로 얼굴을 예뻐 보이도록 하기 위한 작업이다. 따라서 얼굴의 단점을 보완하고 장점을 강조하여 이미지를 극대화하기 위해서는 얼굴 특성에 따른 볼륨 연출을 이해할 필요가 있다.

① 사각형의 보완

얼굴형	힘의 방향성	형을 보완하는 연출 방향성	전면의 폭	측면의 방향
	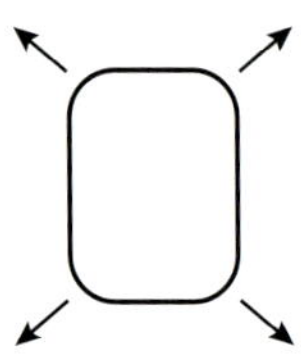	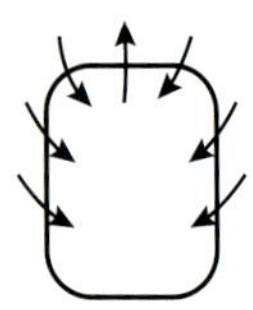	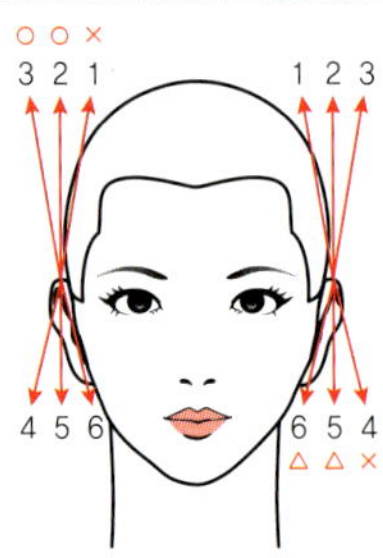	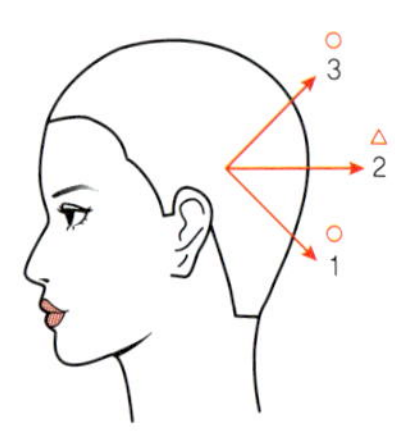
턱의 넓이가 두상의 넓이와 비슷하다.	각진 두상의 측면과 양 턱의 얼굴이 갖고 있는 힘의 방향	계란형을 따라 측면과 두상을 강조하고 턱 라인은 모발로 방향을 잡는다.	측연의 1의 폭은 얼굴을 크게 보이게 할 뿐이다.	3을 기본으로 하여 어느 곳에도 포인트를 둘 수 있다.

② 역삼각형의 보완

얼굴형	힘의 방향성	형을 보완하는 연출 방향성	전면의 폭	측면의 방향
	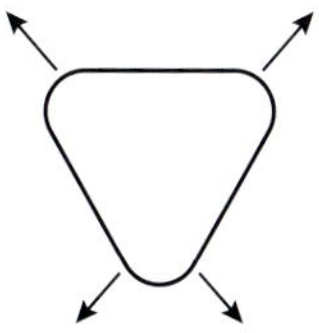	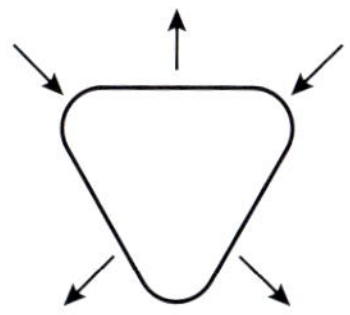	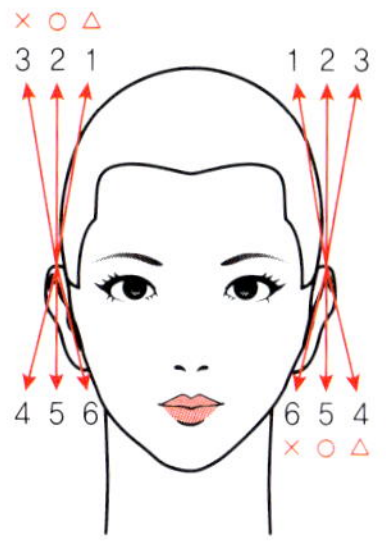	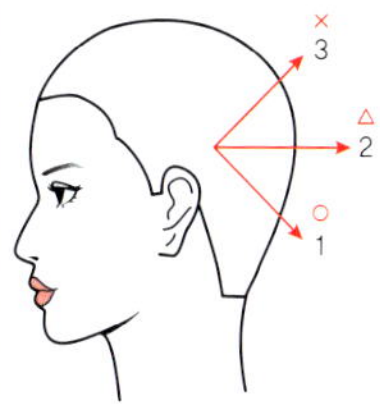
이마의 폭이 넓고 턱이 뾰족하다.	얼굴이 갖고 있는 측두부와 턱의 힘 방향. 특히 턱이 두드러진다.	측두부 1을 억제하고 하단을 강조하여 턱선을 보완한다.	하위의 5를 기준으로 포인트를 두는 것이 유리하며 6은 턱이 두드러져 보이기 때문에 제외한다.	측두부의 볼륨을 억제하고 네이프에 포인트를 두는 것이 유리하다.

③ 삼각형의 보완

얼굴형	힘의 방향성	형을 보완하는 연출 방향성	전면의 폭	측면의 방향
	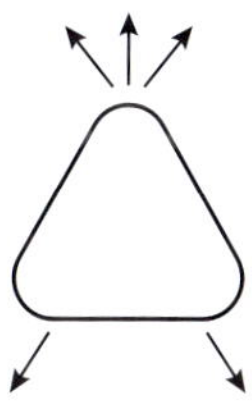	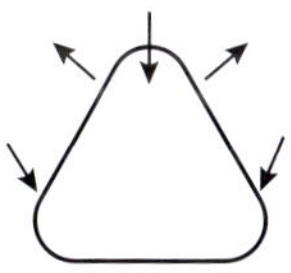	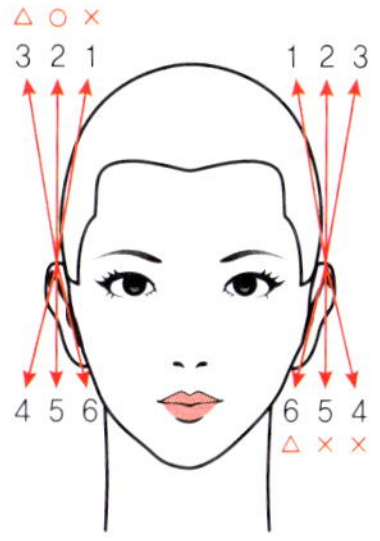	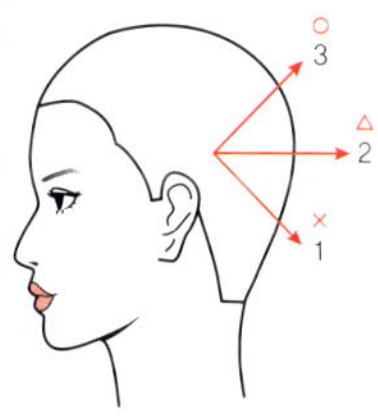
턱이 넓으며 이마 가로 폭이 좁다.	관자놀이가 들어가 보이는 타입이 많다.	뱅을 두고 측면을 강조하여 턱 라인을 가릴 모류를 잡는다.	1번의 폭은 삼각이 강조되고 2를 기준으로 삼아 작업한다.	3을 기준으로 작업하고 1은 삼가한다.

④ 마름모형의 보완

얼굴형	힘의 방향성	형을 보완하는 연출 방향성	전면의 폭	측면의 방향
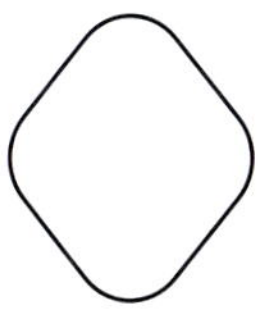	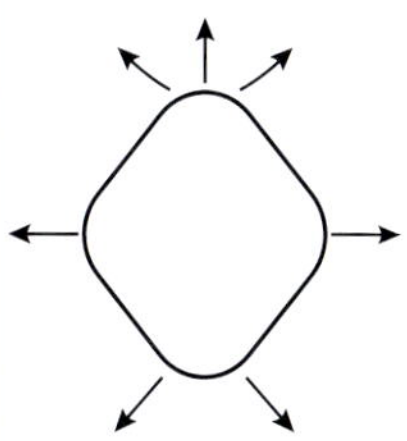	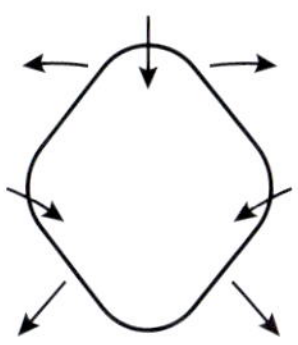	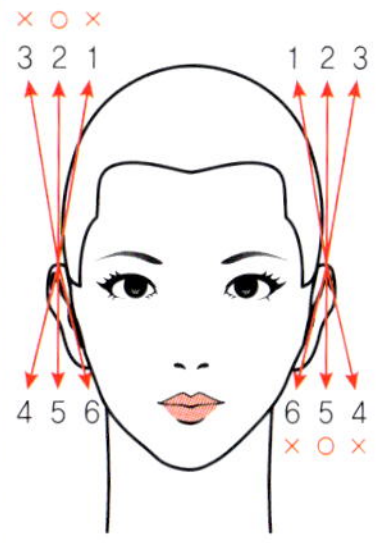	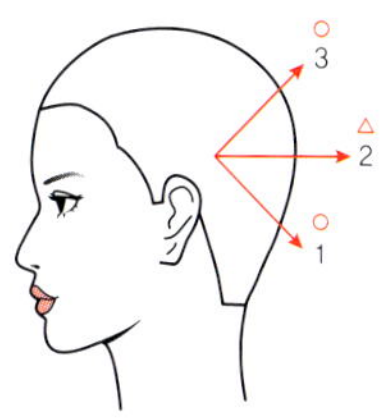
이마와 턱이 좁으면서 광대뼈가 두드러져 보인다.	광대뼈의 방향성이 강하게 느껴진다.	뱅을 내려 이마를 가리고 측두부에 볼륨을 잡아 목선의 모발이 전면에서 보이게 윤곽을 잡는다.	2, 5선을 기준으로 하고 1, 6은 피하는 것이 좋다.	2를 피하고 고객취향에 따라 위 또는 아래에 둔다. 상위일 경우 목선에 잔머리를 남기고 하위일 경우 측상부에 볼륨을 준다.

⑤ 장방형의 보완

얼굴형	힘의 방향성	형을 보완하는 연출 방향성	전면의 폭	측면의 방향
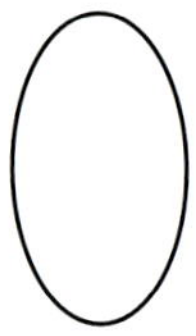	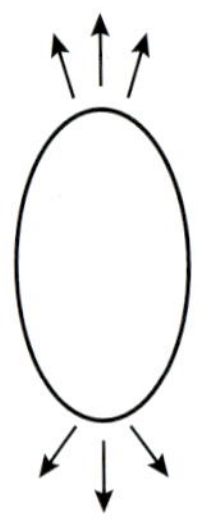	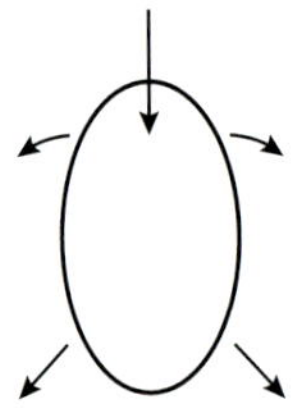	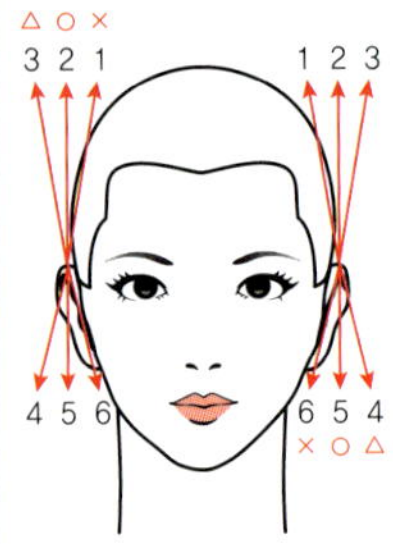	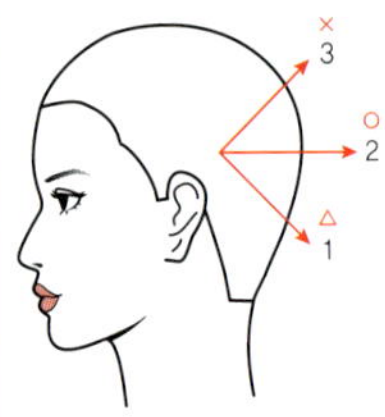
얼굴이 길어 보이는 특징도 있지만 특히 턱 라인이 길어 보인다.	얼굴 폭이 좁고 역삼각형 얼굴처럼 귀에서부터 턱 라인이 길게 보여진다.	뱅으로 이마를 가리고 측연의 볼륨을 잡지만 올림머리에서는 양감이 크면 오히려 턱 라인이 강조된다.	1, 6은 있을 수 없는 선이며 양감 있는 2의 선이나 5의 선으로 자연스런 질감의 윤곽을 나타낸다.	3은 피하고 2를 기준으로 작업하고 1일 경우에도 자칫 두상이 빈약해지기 쉽다. 비대칭 스타일도 잘 어울린다.

⑥ 둥근형의 보완

얼굴형	힘의 방향성	형을 보완하는 연출 방향성	전면의 폭	측면의 방향
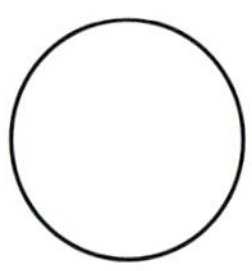	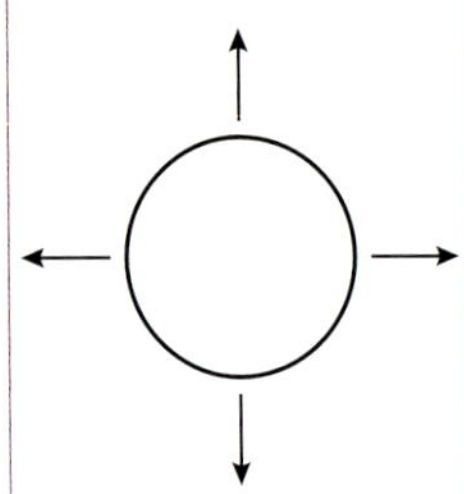	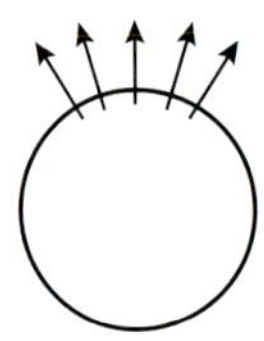	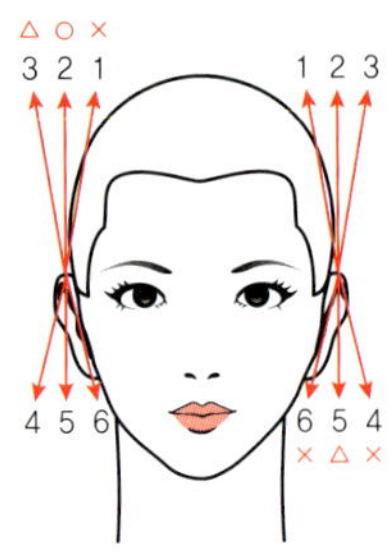	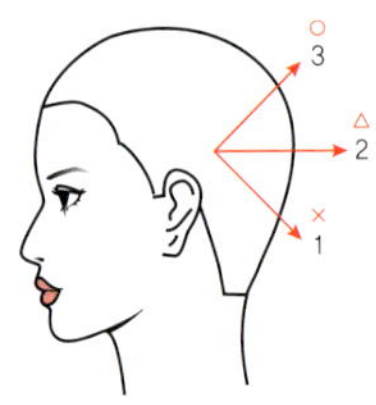
호의적, 안정감, 부드러움이 있고 어린 인상을 나타낸다.	특정한 볼륨 방향 없이 온화한 이미지이므로 스타일에 특징을 두어 표현한다.	뱅을 두고 깔끔한 윤곽 라인보다는 흐트러진 라인으로 계란형에 따라 폭보다 상향의 방향과 볼륨을 강조한다.	1의 라인을 피하여 2, 3으로 상위에 두는 것이 잘 어울린다.	3을 기준으로 질감은 자연스럽게 하여 잡는다.

(3) 포인트의 위치

1) 헤어스타일의 포인트와 방향에 따른 이미지 성질

스타일 연출의 첫 번째 결정요소가 포인트의 위치이며 위치의 결정은 스타일이 갖는 방향성을 의미한다. 같은 방향이라도 면의 볼륨과 포인트의 크기, 면과 포인트의 질감에 따라 각각의 심리적 영향이 다르게 나타난다. 헤어스타일에서 나타내는 모발의 선을 회화의 선의 성질 관점으로 접근하여 스타일에 나타나는 포인트와 방향의 심리적 영향을 이해한다.

포인트 위치는 모양이나 크기, 방향에 따라 조화미에 영향을 주며, 각각의 얼굴형에 어울리도록 하는 수단으로 유용하게 사용될 수 있다. 또한 포인트의 위치 이동에 따라 다양한 이미지 변화를 창출할 수 있다.

높은 머리는 탑을 향한 원형과 타원형, C · P(Center point : 화려한 우아함), T · P(Top point : 젊고 발랄함), E · P(Ear point : 현대감, 단아함), 탑과 전두부의 위치에 여러 기법을 이용한 볼륨 또는 포니테일로 올린 머리와 같은 이미지를 나타낸다.

중간머리는 주로 B · P(Back point – 정교함, 고상함)에 포인트가 위치한다. 백 부분에 여러가지 기법으로 볼륨과 원형, 장구형 등의 모양을 만들어 올린머리이다.

낮은 머리는 주로 N · P(Nape point–고상함, 점잖음)에 포인트가 위치하며 머리로 목을 감싸듯이 앞에서 보이도록 올린 머리이다.

일반적인 업스타일의 공통점은 풍성한 볼륨이라고 할 수 있다. 이것은 롤이 머리 가닥 자체 내에서 싸여지고 감겨지는 것이다.

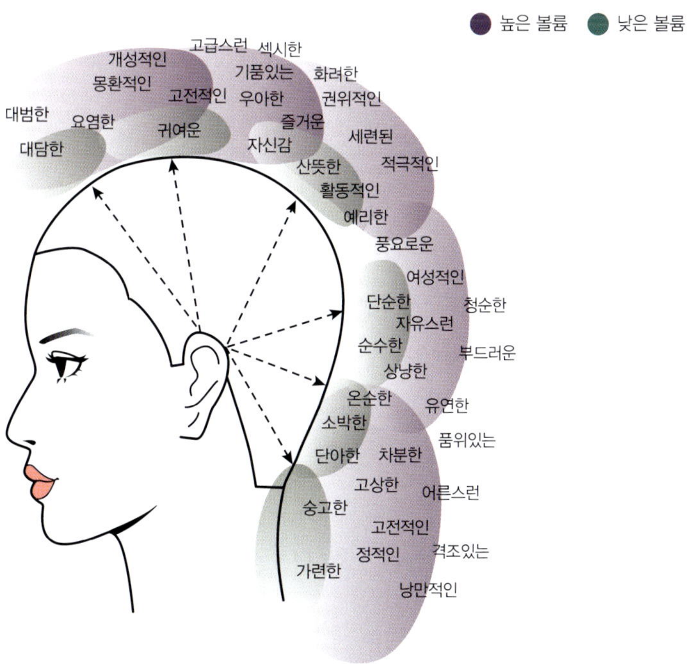

우리가 보고 느끼는 심리적인 요인은 개인의 경험 차이에 따라서 같은 대상이라도 각각 다르게 느껴진다. 특히 같은 길이의 원랭스 스타일이라도 고객의 얼굴, 체형, 의상과 더해지면서 동일한 이미지로 보이지는 않는다. 헤어스타일이 갖는 이미지보다 그 외부적인 요인이 심리적인 영향에 더 크게 미친다고 할 수 있다. 이런 외부적인 영향은 자연의 질서와 현상, 시대의 환경, 문화, 풍습 그리고 개인의 경험 차이 등에 의해 대상을 바라보는 성질과 부여하는 의미가 다르다.

(4) 모발에 나타나는 선과 성질

헤어스타일은 모발에 물리적 작용을 가해 형태를 이루면서 갖가지의 감정을 나타낸다. 볼륨, 방향, 질감 등은 머리카락의 한 가닥에서 시작하여 수많은 가닥이 모여 선과 면이 되고 형태가 된다. 업스타일은 모발이라는 소재를 가지고 방향, 볼륨 그리고 직선, 곡선 등의 조작을 가하며 조화롭고 아름다운 형태를 만들어 내고 있다. 하지만 이런 작업은 객관적이지 못하고 기준과 평가가 애매모호하다.
음악에는 음계가 있어 창작이 가능하고 소리를 남길 수 있지만 헤어 연출은 디자이너의 경험과 감성만으로 습관적인 작업이 이루어지고 있고 그림이나 시진 이외에는 남길 수 있는 방법이 없다. 음계와 같이 모발에 나타나는 들림, 휨, 방향에 가중치를 부여하여 연출의 객관성과 컨트롤을 가능하게 하기 위한 방법으로 모발의 모근, 모발의 끝 부위(모단), 중간 부위(모선)에 인위적 성형작업 정도에 수치를 부여하고 이미지 성질을 헤어 연출 작업에 활용할 수 있도록 하였다.

모발의 영역

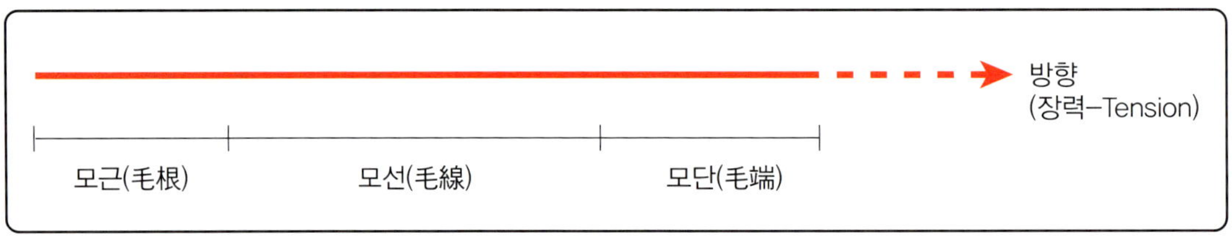

모발의 장력과 방향

커트는 길이를 달리하고 컬러는 멜라닌 색소를 달리하며, 퍼머는 단백질 결합을 변형시키는 작업이다. 커트, 컬러, 퍼머는 머리를 감아도 변형되지 않는다. 머리를 감으면 기존의 성질이 사라지는 드라이, 아이롱, 업스타일은 위의 그림과 같은 모근, 모선, 모단에 물리적인 힘을 가하여 의도한 연출 결과(스타일)를 얻어 낸다. 모근의 각을 잡아 볼륨을 나타내고 모선에 방향을 넣고 모단에 곡선을 넣는다. 이러한 변화를 '조작했다'라고 한다. 조작도의 의미는 변화의 결과가 어떠한 심리적인 영향으로 나타나고 그러한 결과를 나타내기 위하여 어떠한 조작을 가해야 하는가에 있다.

제2장 실기편

BASIC UPSTYLE PRO

1. 기본 업스타일

(1) 꼬기
[두 가닥 양쪽 끌어꼬기]

(2) 꼬기
[두 가닥 양쪽 끌어꼬기]

(3) 꼬기
[반업스타일]

(4) 꼬기
[망사용 꼬기]

(5) 꼬기
[한 가닥 꼬기]

(6) 땋기
[세 가닥 위로 끌어땋기]

(7) 땋기
[세 가닥 아래 끌어땋기]

(8) 땋기[세 가닥 양쪽 끌어땋기+한쪽 끌어땋기]

(9) 땋기
[세 가닥 한쪽 끌어땋기]

(10) 매듭1

(11) 매듭2

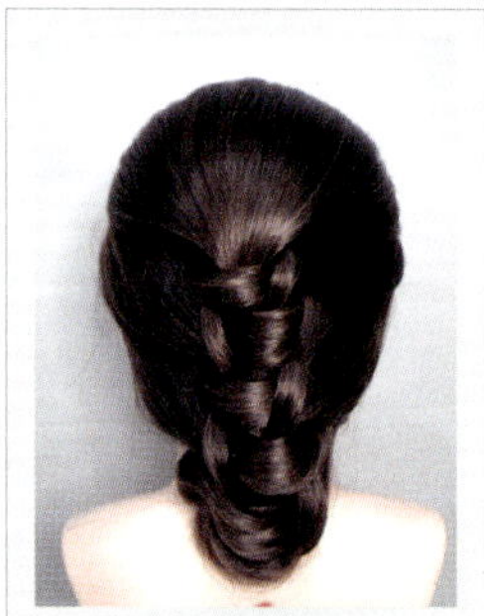
(12) 매듭3

(13) 말기 1
[쪽머리스타일 1]

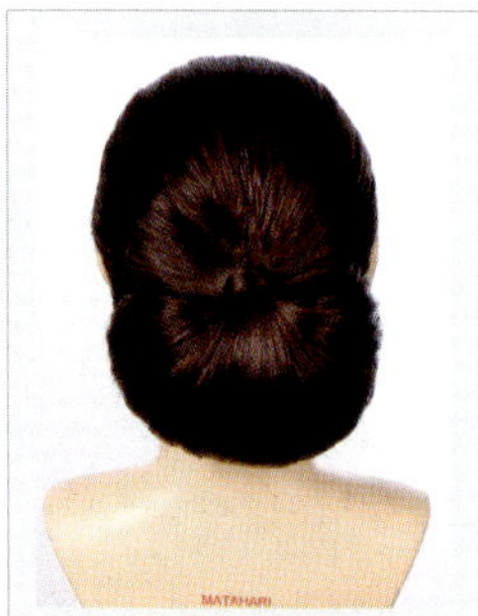
(14) 말기 2
[쪽머리스타일2]

(15) 말기 3

(16) 말기
[수직]

(17) 말기 [수직 싱 응용]

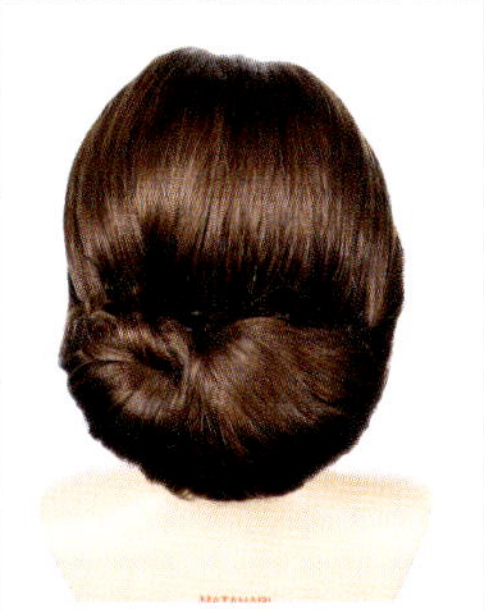
(18) 말기 [수평 싱 응용]

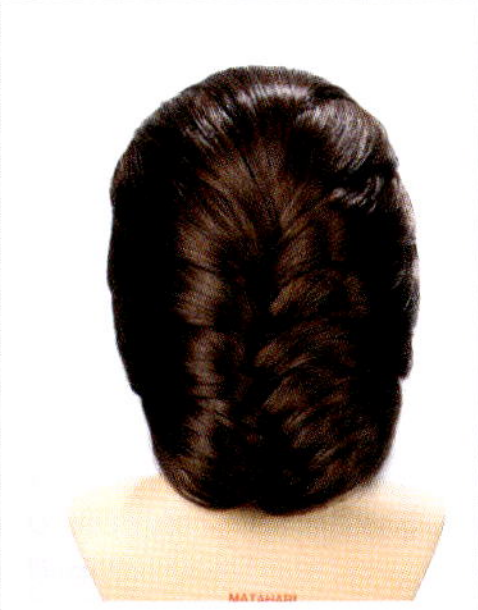
(19) 겹치기

(20) 겹치기[위로 겹치기, 소라머리 응용]

(21) 고리

(22) 고리[미듐업]

(23) 고리 [고리+말기]

(24) 고리[다운업]

(25) S컬 업스타일 1

(26) S컬 업스타일 2

1. 기본 업스타일

(1) 꼬기[두 가닥 양쪽 끌어꼬기]

완성형-1

완성형-2

1-1. 센터 가르마를 중심으로 V섹션으로 나눈 뒤 두 가닥으로 나눈다.

1-2. 시계 반대 방향으로 꼬아준다.

1-3. 왼쪽 가닥을 오른쪽 위로 교차시킨다.

1-4. 오른손에 두 가닥을 잡고 왼쪽에서 모발을 사선 섹션으로 끌어와 왼쪽의 모발과 합치고 꼬아준다.

1-5. 왼손으로 옮겨 잡고 오른쪽 모발을 사선 섹션으로 끌어와 오른쪽 모발과 합쳐 꼬아준다.

1-6. 두 가닥의 모발을 시계 반대 방향으로 꼬고 시계방향으로 교차시킨다.

1-7. 동일한 방법으로 왼쪽 모발을 사선 섹션으로 끌어와 아래 모발에 합친다.

1-8. 동일한 방법으로 오른쪽 모발을 사선 섹션으로 끌어와 위 모발에 합치고 시계 반대 방향으로 꼬아 모발을 시계방향으로 교차한다 .

1-9

1-10

1-11

1-9~11. 같은 방법으로 모발을 끌어와 교차시킨다.

1-12

1-12. 두 가닥을 시계 반대 방향으로 꼬아가며 모발을 시계방향으로 교차하여 꼬아주어 마무리한다.

1-13

1-13. 스타일 완성

(2) 꼬기[두 가닥 양쪽 끌어꼬기]

완성형-앞

완성형-옆(좌)

완성형-옆(우)

완성형-뒤

2-1. 두상의 센터를 나눈 뒤 삼각 섹션을 나누어 두 가닥으로 나눈다.

2-2. 두 개의 가닥을 시계 반대 방향으로 꼬아준다.

2-3. 두 가닥을 시계방향으로 교차한다.

2-4~5. 왼쪽에서 사선 섹션으로 한 가닥 끌어와 왼쪽에 있는 모발과 합치고 시계 반대 방향으로 꼬아준다.

2-6. 오른쪽에서 사선 섹션으로 한 가닥 끌어와 오른쪽 위에 있는 모발과 합치고 시계 반대 방향으로 꼬아준다.

2-7. 두 가닥을 다시 시계방향으로 교차한다.

2-8~9. 동일한 방법으로 모발 끝까지 꼬아 준다.

2-10

2-11

2-12

2-10~12. 동일한 방법으로 왼쪽에서 사선 섹션으로 한 가닥 끌어와 왼쪽에 있는 모발과 합치고 시계 반대 방향으로 꼬아준 뒤 교차한다.

2-13

2-14

2-15

2-13~14. 동일한 방법으로 모발 끝까지 꼬아준다.

2-15. 오른쪽은 시계방향으로 회전한다.

2-16

2-17

2-18

2-16~18. 시계 반대 방향으로 모발을 교차하고 오른쪽에서 사선 섹션으로 한 가닥 끌어와 오른쪽 위에 있는 모발과 합치고 시계방향으로 꼬아준다.

2-19~21. 왼쪽에서 사선 섹션으로 한 가닥 끌어와 왼쪽에 있는 모발과 합치고 시계방향으로 꼬아준다.

2-22~24. 두 가닥을 다시 시계 반대 방향으로 교차한다.

2-25~27. 텐션을 유지하며 동일한 방법으로 진행한다.

2-28~29. 양쪽 꼬은 모습

2-30. 모발 끝부분부터 말아 올라 간다.

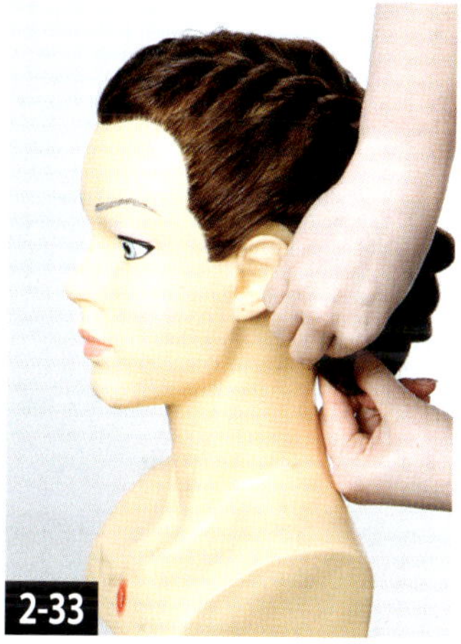

2-31~33. 네이프에 안착시킨 뒤 실핀으로 고정한다. 반대쪽도 동일하게 한다.

2-35. 스타일 완성

(3) 꼬기[반업스타일]

완성형-1

완성형-2

완성형-3

3-1~2. Ear to Ear 섹션으로 나눈다.

3-3. 크라운 부분에 백콤을 넣는다.

3-4. 겉 모발을 빗질하여 스프레이로 잔머리 없이 고정한다..

3-5~6. 왼손으로 잡고 실핀을 수평으로 꽂아준다.

3-7~9. 사이드 부분은 사선 섹션을 나누어 두가닥으로 나눈 뒤 바깥쪽 모발을 위로 올려준다.

3-10

3-11

3-10~11. 다시 아래 모발을 위로 올려 X자로 교차시킨다.

3-12

3-12. 새로 모발을 끌어와 윗머리 부분과 합친다.

3-13

3-14

3-15

3-13~15. 모발 끝부분까지 두가닥 꼬기를 진행하고 가닥가닥 잡아당겨 부피를 늘려준 뒤 백 부분에 실핀을 이용하여 고정한다.

3-16

3-17

3-18

3-16~18. 왼쪽 사이드도 사선 섹션을 나누어 두 가닥으로 나눈 뒤 아래 가닥을 위로 올려준다.

3-19~21. 반복하여 꼬기를 진행한다.

3-22~24. 꼬기 부피를 늘려주고 백부분에 실핀을 이용하여 고정한다.

(4) 꼬기[망사용 꼬기]

완성형

4-1. B.N.M.P에 포니테일로 모발을 묶는다.

4-2. 망에 실핀을 꽂아 묶은 부위에 고정한다.

4-3. 모발 전체를 망에 씌어준다.

4-4~5. 한 바퀴 돌아온 망을 풀어지지 않도록 실핀을 꽂아 묶은 부위에 다시 고정한다.

4-6. 시계방향으로 망을 씌운 모발을 꼬아준다.

4-7~8. 시계방향으로 똬리를 틀어 모발 끝을 실핀으로 고정한 뒤 U핀으로 고정한다.

4-9. 스타일 완성

(5) 꼬기[한 가닥 꼬기]

완성형-1

완성형-2

완성형-3

5-1. B.P에 모발을 포니테일로 묶는다.

5-2~3. 긴 원통 모양의 싱을 묶은 부위를 감싸 토대를 만들어준다.

5-4~6. 한 가닥의 모발을 잡아 꼬아준 후 가운데 윗부분에 똬리를 틀어 실핀으로 싱 토대 위에 고정한다.

5-7~9. 오른쪽 부분에서 한 가닥 모발을 잡아 꼬아준 후 오른쪽 사이드 부분에 똬리를 틀어 고정한다.

5-10

5-11

5-12

5-10~12. 동일한 방법으로 왼쪽 사이드 부분에 고정한다.

5-13

5-14

5-15

5-13~15. 동일한 방법으로 네이프 왼쪽 사이드 부분에 고정한다.

5-16

5-17

5-18

5-16~17. 동일한 방법으로 네이프 오른쪽 사이드 부분에 고정한다.

5-18. 스타일 완성

(6) 땋기[세 가닥 위로 끌어땋기]

완성형-1

완성형-2

완성형-3

완성형-4

6-1. 센터를 중심으로 V섹션을 나눈 뒤 왼손에 세 가닥을 나누어 한 손에 잡는다.

6-2. 오른손 엄지와 검지로 세 번째 가닥을 잡고 두 번째 가닥을 중지로 가지고 와 손을 뒤집어 모발을 교차시킨다.

6-3. 왼손 중지로 두 번째 모발을 끌어오고 손을 뒤집어 교차시킨다.

6-4. 왼손에 세 가닥 모발을 잡아준다.

6-5. 오른쪽 사이드에서 사선 섹션을 나누어 왼손 중지 손가락에 있는 모발과 합친다.

6-6. 왼손에 잡혀있는 모습

6-7~8. 오른손 엄지와 검지로 세 번째 가닥을 잡고 왼손을 뒤집어 나란히 오른손에 놓는다.

6-9. 왼쪽 사이드에서 사선 섹션을 나누어 오른손 중지 위에 모발을 합친다.

6-10

6-11

6-12

6-10~12. 반복하여 왼손으로 옮겨 땋는다.

6-13

6-14

6-15

6-13~15. 네이프 부분으로 갈수록 모발에 텐션을 주어 모근 가까이에서 땋을 수 있도록 하며 모발 끝까지 땋는다.

6-16

6-17

6-16~17. 스타일 완성

6-18

6-19

6-20

6-18~20. B.P를 중심으로 뒤 45°각도로 모발을 들어 땋아준다.

6-21

6-22

6-21~22. 스타일 완성

(7) 땋기[세 가닥 아래 끌어땋기]

완성형-1

완성형-2

7-1. 오른손 등이 위를 향하게 하여 세 가닥을 나눈다.

7-2. 왼손 3, 4지 사이로 끝 모발 한 가닥을 잡는다.

7-3. 오른손을 뒤집어 모발을 교차한다.

7-4. 왼손으로 나란히 잡아준다.

7-5. 다시 오른손 3, 4지 사이로 오른쪽 끝에 있는 한 가닥을 잡는다.

7-6. 왼손을 뒤집어 모발을 교차시킨다.

7-7. 오른손에 나란히 옮겨 잡는다.

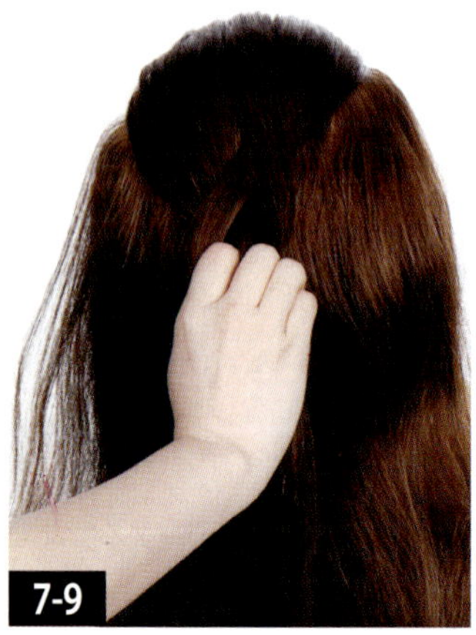

7-8~9. 사선 섹션으로 모발을 끌어와 오른손 중지 밑으로 합쳐준다.

7-10

7-10. 다시 왼손 3, 4지로 왼쪽 끝에 있는 모발을 잡는다.

7-11

7-12

7-11~12. 오른손을 뒤집어 모발을 교차시키고 왼손으로 나란히 잡는다.

7-13

7-13. 오른쪽 면에서 사선 섹션으로 끌고 내려와 왼손 중지 밑으로 합친다.

7-14

7-14. 동작을 반복하여 내려간다.

7-15

7-15. 남은 세 가닥의 모발은 위와 같은 방법으로 세 가닥 땋기 뒤집어 땋기를 진행한다.

7-16

7-17

7-18

7-16~19. 3, 4지로 가장 끝에 있는 모발을 잡고 반대 손을 뒤집어 모발을 교차시킨 뒤 나란히 잡아주는 동작을 반복한다.

7-19

7-20

7-20. 스타일 완성

(8) 땋기[세 가닥 양쪽 끌어땋기+한쪽 끌어땋기]

완성형–앞

완성형–옆(좌)

완성형–옆(우)

완성형–뒤

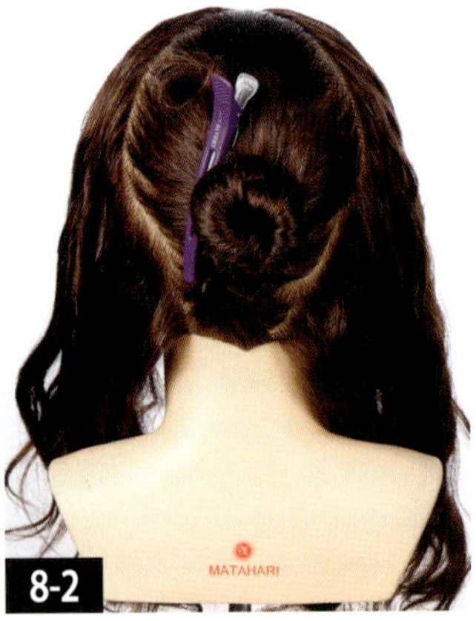

8-1~2. 블로킹 – 사이드 부분을 나누고 이어라인을 따라 3cm 간격으로 나눈다.

8-3. 백 부분에 3cm 간격의 V 섹션을 나누어 세 가닥으로 나눈다.

8-4. 오른손 엄지로 오른쪽 끝에 있는 모발을 잡고 왼손을 뒤집어 모발을 교차한다.

8-5. 오른손 중지로 중앙 모발을 가져오고 왼손에 있던 모발은 엄지와 검지 사이로 옮기며 중지로 중앙에 있는 모발을 가져온다. [3번 반복]

8-6~8. 사선 섹션으로 모발을 가져와 중지 위에 올려놓는다. 왼손 엄지와 검지로 왼쪽 끝의 모발을 잡고 오른손을 뒤집어 모발을 교차시킨 뒤 왼손에 나란히 놓는다.

8-9~10. 1. 동작을 반복하여 땋으며 내려간다.

8-11. 남은 세 가닥 모발도 손을 뒤집어가며 중지로 끌어와 땋아준다.

8-12. 모발 끝은 백콤을 넣어 풀리지 않도록 한다.

8-13~14. 사이드 부분은 사선 섹션을 하여 기본 땋기 동작 3번을 땋아준다.

8-15~17. 사선 섹션으로 모발을 끌어와 중지 위에 올려놓는다. 왼손 엄지와 검지로 왼쪽 끝 모발을 잡고 오른손을 뒤집어 모발을 교차시킨 뒤 왼손 중지로 가운데 모발을 끌어온 뒤 오른손으로 옮겨 잡는다.

8-18

8-19

8-20

8-18~20. 동일한 방법으로 진행한다.

8-21

8-22

8-23

8-21~23. 1. B.P 부분부터 45° 각도로 모발을 늘어뜨려 땋아준다.

8-24

8-25

8-24~25. 모발 끝부분을 백콤을 넣어 고정한다.

8-26

8-26. 반대쪽도 동일한 방법으로 진행한다. 단 왼손에서 잡고 시작하도록 한다.

8-27 8-28 8-29

8-27~29. 동일한 방법으로 진행한다.

8-30 8-31 8-32

8-30~32. B.P 부분부터 45° 각도로 모발을 늘어뜨려 땋아준다.

8-33 8-34 8-35

8-33~35. 센터 부분은 모발 끝에 백콤을 넣어 고정한 후 모발 끝부터 말아 올려 실핀으로 두피에 고정한다.

8-36

8-37

8-36~37. 모발 끝에 백콤을 넣어 고정하고 모발 끝부터 말아 올려 실핀으로 두피에 고정한다.

8-38

8-39

8-40

8-38~39. 부분과 벌어지지 않도록 U핀으로 사이를 고정한다.

8-40. 모발 끝부터 말아준다.

8-41

8-42

8-43

8-41~43. 동일한 방법으로 진행한다.

8-44

8-45

8-46

8-44~46. 스타일 완성

(9) 땋기[세 가닥 한쪽 끌어땋기]

완성형-앞

완성형-옆(좌)

완성형-옆(우)

완성형-뒤

9-1

9-2

9-3

9-1~3. 사이드 부분을 나누고 이어라인과 네이프 라인을 따라 3cm 간격으로 나눈다.

9-4

9-5

9-6

9-4. B.N.M.P 부분에 사각형 섹션을 나눈다.

9-5~6. 백콤을 넣고 똬리를 틀어 준다.

9-7

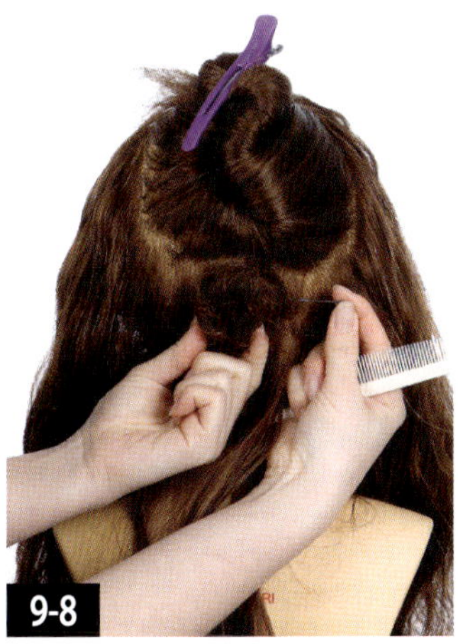

9-8

9-9

9-7~8. 두피에 안착 시킨 뒤 실핀으로 고정한다.

9-9. 백부분에 백콤을 넣어 볼륨을 주고 가지런히 빗질해 모아 잡는다.

9-10

9-11

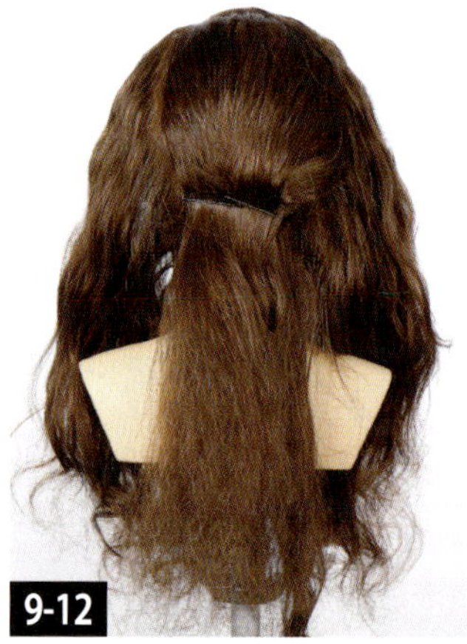
9-12

9-10~12. 수평 꽂기를 하여 고정한다.

9-13

9-13. 네이프 부분의 모발에 백콤을 넣는다.

9-14

9-15

9-14~15. 망으로 감싸고 납작하게 펴준다.

9-16

9-16. 사이드 부분은 수평 섹션을 나눈다.

9-17~19. 망을 넓게 펼쳐준 뒤 말아 올려 네이프 부분에 안착시킨다.

9-20~21. 양쪽을 실핀으로 단단하게 고정한다.

9-22. 수평 섹션, 세 가닥으로 나눈다.

9-23~25. 세 가닥으로 나눈 뒤 세 번 땋아 오른손에 옮겨 놓는다.

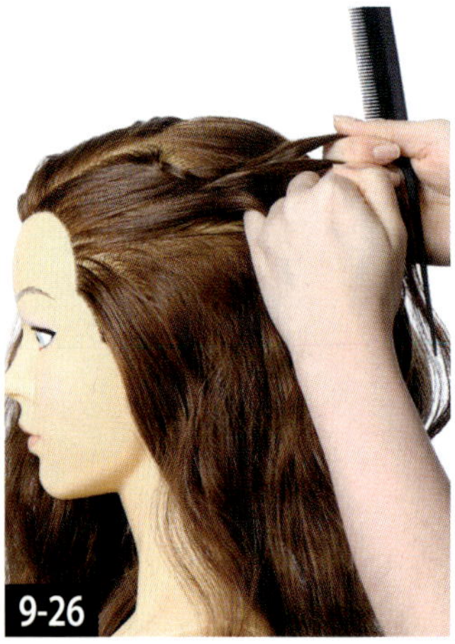
9-26

9-27

9-26~27. 수평 섹션으로 모발을 끌어와 중지 손가락 위에 놓고 두 번 땋아 오른손에 옮긴다.

9-28

9-29

9-30

9-28~30. 동일한 방법으로 진행한다.

9-31

9-32

9-33

9-31~33. B.P부분부터 모발을 늘어뜨려 땋아준다

9-34

9-35

9-36

9-34~36. 네이프 부분에 싱을 감싸며 땋아준다.

9-37

9-38

9-39

9-37~39. 모발 끝부분까지 땋은 후 백콤을 넣어 고정한다.

9-40

9-41

9-40~41. 모발 끝부터 동그랗게 말아 U핀으로 고정한다.

9-42~43. 수평 섹션으로 나눈 뒤 세 가닥으로 나눈다.

9-44~46. 세 가닥 땋기를 진행한다.

9-47~48. 반대쪽과 동일한 방법으로 세 가닥 끌어땋기를 진행한다.

9-49

9-50

9-51

9-49~51. B.P부분부터 모발을 늘어뜨려 네이프 부분을 감싸며 땋는다.

9-52

9-53

9-54

9-52~54. 모발 끝까지 땋은 후 모발 끝에 백콤을 넣어 고정한다.

9-55

9-56

9-55~56. 모발 끝부터 동그랗게 말아 U핀으로 고정한다.

9-57~59. 스타일 완성

(10) 매듭 1

완성형–앞

완성형–옆(좌)

완성형–옆(우)

완성형–뒤

10-1

10-2

10-3

10-1~3. 블로킹 : 왼쪽 사이드 가르마, 헤어라인을 따라 나눈다.

10-4

10-5

10-4~5. 백 부분에 백콤을 넣어 볼륨을 형성하고 겉머리를 가지런히 빗질한다.

10-6

10-7

10-8

10-6~8. B.N.M.P 부분에 모발을 모아 잡고 고무줄로 고정한다.

10-9

10-10

10-11

10-9~11. 4cm간격으로 모발을 잡고 둥글게 회전하여 원안으로 모발 끝을 빼 매듭을 진다.

10-12

10-13

10-14

10-12. 실핀을 사용해 매듭진 부분을 고정한다.

10-13~14. 4cm 간격으로 모발을 잡고 위 남은 모발과 합쳐 다시 매듭 모양을 만들고 고정한다.

10-15

10-16

10-17

10-15~16. 같은 방법으로 매듭을 만들고 고정한다.

10-17. 왼쪽 사이드도 동일한 방법으로 매듭을 만들고 고정한다.

10-18

10-19

10-20

10-18. 동일한 방법으로 매듭을 이어 간다.

10-19~20. 묶은 부위 모발을 떠 중앙부위에 두 개의 매듭을 만들어 고정한다.

10-21

10-22

10-23

10-21~23. 왼쪽 네이프 모발로 매듭은 만들로 남은 길이로 다시 매듭을 만들어 고정한다.

10-24

10-25

10-26

10-24~26. 오른쪽 네이프 모발도 매듭을 만들어 실핀으로 고정한다.

10-27. 스타일 완성

(11) 매듭 2

완성형–앞

완성형–옆(좌)

완성형–옆(우)

완성형–뒤

11-1

11-2

11-3

11-1. 3등분하여 T.G.M.P, G.P, G.B.M.P 부분에 묶어준다.

11-2~3. 둥글게 고리를 만들어 원안으로 모발 끝을 빼 매듭을 진다.

11-4

11-5

11-6

11-4~5. 다시 모발 끝을 매듭 안쪽으로 넣고 매듭을 펼쳐 U핀으로 고정한다.

11-6. 두 번째 가닥을 이용해 매듭을 만든다.

11-7

11-8

11-9

11-7. 모발 끝을 매듭 안으로 넣고 펼쳐서 U핀으로 고정한다.

11-8~9. 왼쪽 사이드에 있는 모발 한 가닥을 잡아 동일한 방법으로 매듭을 만들어 고정한다.

11-10~12. 오른쪽 사이드 부분도 매듭을 만들고 모발 끝을 매듭 안으로 넣어 고정한다.

11-13~15. 탑 부위에도 동일한 방법으로 매듭을 만들어 중앙에 고정한다.

11-16~18. 3번째 묶은 부위도 여러 가닥으로 나누어 매듭을 만들어 고정한다.

11-19~21. 이때 ◇구도가 될 수 있도록 위치를 보여 매듭을 고정한다.

11-22~24. 마지막 가닥도 매듭을 만들어 중앙부위에 얹어 고정한다.

11-25. 스타일 완성

(12) 매듭 3

완성형-1

완성형-2

완성형-3

12-1

12-1. FSP~FSP까지 U라인을 나눈다.

12-2

12-2. 뒤로 빗질하여 왼손으로 잡는다.

12-3

12-3. 오른쪽에서 사선으로 한 패널을 가지고 온다.

12-4

12-4. 기존 왼손에 잡고 있는 모발을 감싸준다.

12-5

12-6

12-5~6. 아래 방향으로 들어와 매듭을 진다.

12-7

12-7. 두 개의 가닥을 하나로 합쳐 잡는다.

12-8

12-8. 왼쪽에 다시 한 패널을 가지고 와 기존모발을 감싸준다.

12-9

12-9. 아래 방향으로 들어와 매듭을 진다.

12-10

12-11

12-12

12-10. 두 개의 가닥을 하나로 합쳐 잡는다.

12-11~12. 반복하여 오른쪽 패널을 사선 섹션으로 끌어와 매듭을 만든다.

12-13

12-14

12-15

12-13~15. 왼쪽 패널을 사선 섹션으로 끌어와 매듭을 만든다.

12-16

12-17

12-18

12-16~18. 마지막 오른쪽 패널을 끌어와 매듭을 만든다.

12-19

12-20

12-21

12-19~21. 남은 왼쪽 패널을 끌어와 매듭을 만든다.

12-22

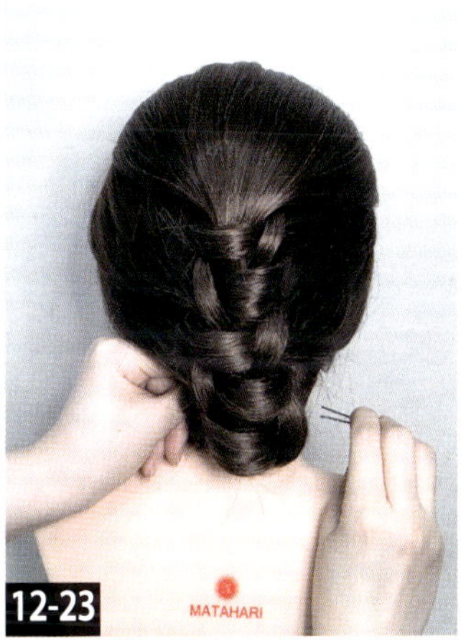

12-23

12-24

12-22~24. 모발 끝부분을 말아 올려 네이프에 고정한다.

(13) 말기 1[쪽머리스타일 1]

완성형-1

완성형-2

13-1. B.N.M.P부분에 모발을 묶는다.

13-2. 망에 실핀을 꽂아 묶은 부위에 고정한다.

13-3. 망을 씌운다.

13-4. 망 안에 모발을 가지런히 정리하여 납작하게 만든다.

13-5. 모발 끝부터 말아준다.

13-6. 실핀으로 고정한다.

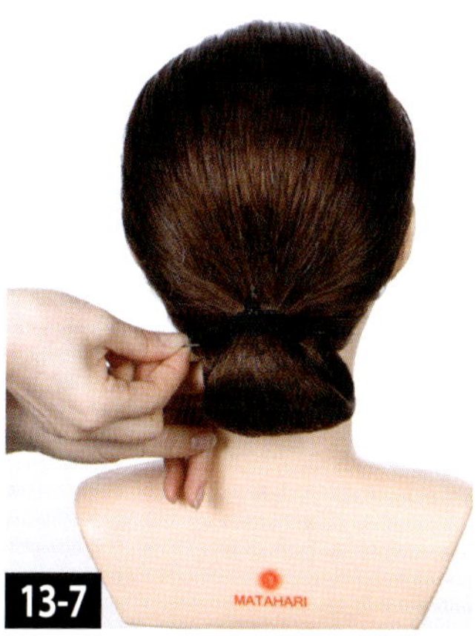

13-7. 반대쪽도 풀어지지 않도록 실핀으로 고정한다.

13-8. 양쪽 끝을 잡고 늘려준다.

13-9. 말아 놓은 끝을 두피에 고정한다.

13-10. 반대쪽도 동일하게 고정한다.

13-11. 스타일 완성

(14) 말기 2[쪽머리스타일2]

완성형-1

완성형-2

14-1~3. B.P부분에 모발을 묶은 뒤 모발 한 가닥을 뽑아 고무줄을 감싸고 실핀으로 고정한다.

14-4. 모발을 두 가닥으로 나누어 아랫부분에 백콤을 넣는다.

14-5. 패널의 윗부분에 백콤을 넣어 준다.

14-6. 두 개의 모발을 합쳐 빗살이 들어가지 않도록 눕혀 겉머리만 빗질한다.

14-7~9. 모발 끝부터 말아 올려 두피에 고정한다.

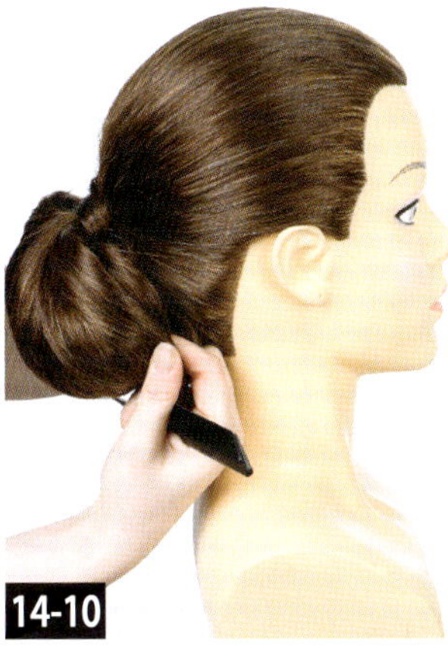

14-10~12. 조개 모양으로 양 끝을 펼치고 두피 쪽으로 끌어와 U핀으로 고정한다.

14-13~14. 반대쪽도 동일한 방법으로 고정한다.

14-15. 스타일 완성

(15) 말기 3

완성형-1

완성형-2

완성형-3

15-1. B. P부분에 모발을 묶은 뒤 고무줄을 모발로 감싸고 모발을 3등분으로 나눈다.

15-2. 첫 번째 패널의 윗부분에 백콤을 넣는다.

15-3. 모발 끝부터 말아준다.

15-4. 두피에 안착시킨 뒤 실핀으로 양 옆을 고정한다.

15-5~6. 양쪽 끝을 펼쳐 U핀으로 고정한다.

15-7~9. 두 번째 패널을 잠시 위로 고정해 놓고 세 번째 패널을 잡아 아랫부분에 백콤을 넣은 뒤 둥글게 말아 고정한다.

15-10~12. 양쪽 끝을 펼쳐 U핀으로 고정한다.

15-13~15. 두 번째 패널의 아랫부분에 백콤을 넣은 뒤 모발을 말아 실핀으로 고정한다.

15-16~18. 양쪽 끝을 펼쳐 U핀으로 고정한다.

15-19. 스타일 완성

(16) 말기[수직]

완성형-앞

완성형-옆(좌)

완성형-옆(우)

완성형-뒤

16-1~2. 오른쪽 백사이드 부분에 버티컬 섹션을 나누어 안쪽 모근 부위에 백콤을 넣는다.

16-3. 왼쪽 백사이드 부분도 버티컬 섹션을 나누어 안쪽 모근 부위에 백콤을 넣는다.

16-4. 동일한 방법으로 백콤을 진행한다.

16-5. 왼쪽에서 오른쪽 방향으로 모발을 빗질하여 왼손으로 잡아준다.

16-6. 네이프부터 탑 방향으로 수직 꽂기를 이용해 실핀의 1/3을 겹쳐 꽂는다.

16-7. 모발이 흘러 내려오지 않도록 단단하게 고정한다.

16-8~9. 오른쪽 부분을 빗질해 모발을 실핀을 감싸듯이 말아준다.

16-10~11. 모발 끝부분을 오른손으로 잡고 아래 방향으로 반 접어 내려와 같이 말아 준다.

16-12. 실핀으로 돌아간 모발과 모근 부위를 고정한다.

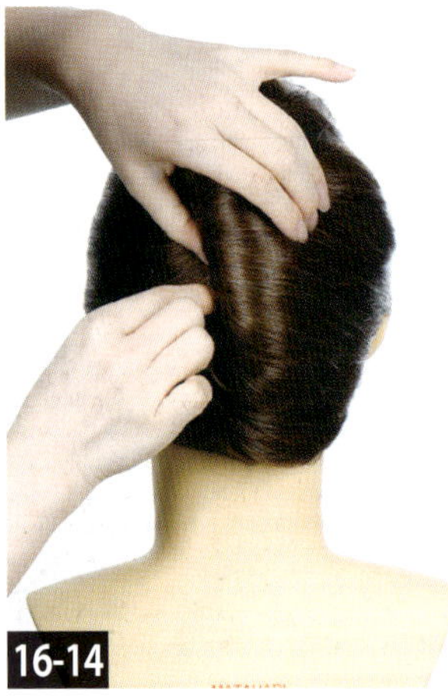

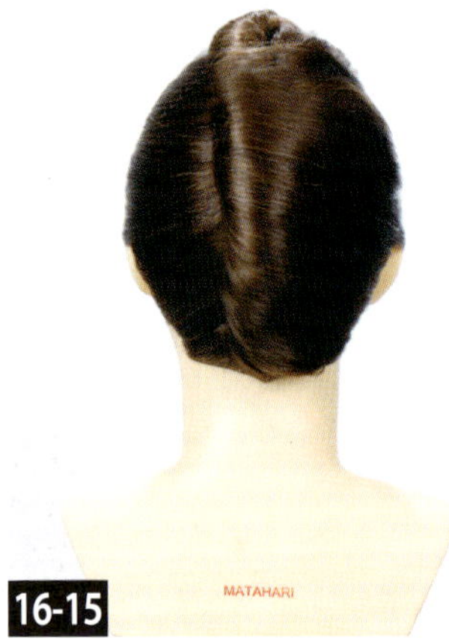

16-13~15. 중간 부위를 U핀이나 실핀으로 고정한다.

16-16. 스타일 완성

(17) 말기[수직 싱 응용]

완성형-1

완성형-2

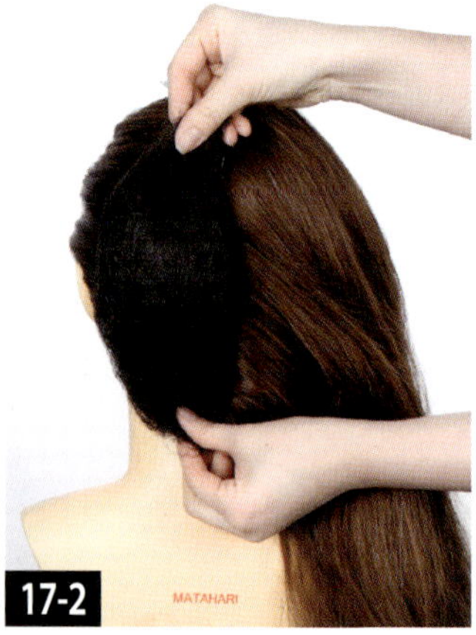

17-1. 수직 핀 꽂기를 한다.

17-2. 긴 원통형의 싱을 핀 위에 올려놓는다.

17-3. 싱을 실핀을 사용해 고정한다.

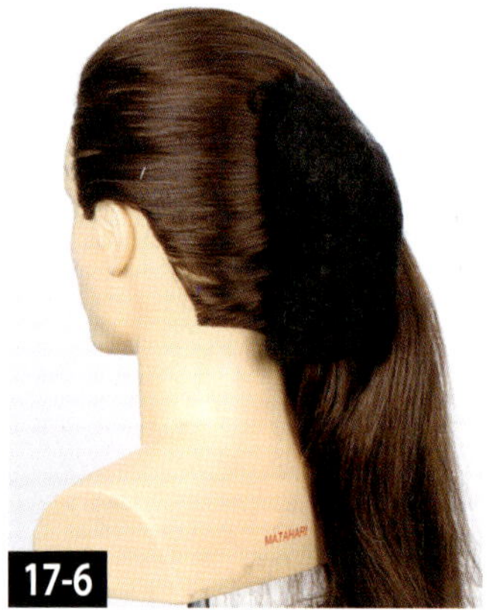

17-4~6. 아랫방향과 중간에도 실핀을 사용해 고정한다.

17-7~9. 오른쪽 사이드 부분을 빗질하여 싱 위로 모발을 말아 감싸준다. 이때 네이프 부분이 느슨해지지 않도록 말아준다.

17-10

17-11

17-12

17-10~12. 모발을 위 방향으로 꼬아준 뒤 오른손으로 모발 끝을 잡고 반 접어 싱 안쪽으로 넣어준다.

17-13

17-14

17-15

17-13~14. 실핀과 U핀을 사용해 말은 부위와 두피 사이를 고정한다.

17-15. 스타일 완성

(18) 말기[수평 싱 응용]

완성형

18-1

18-2

18-3

18-1. B.N.M.P에 수평 핀꽂기를 하여 고정하고 긴 원통형의 싱을 네이프 부분에 안착한다.

18-2~3. 실핀을 사용해 양쪽 끝을 고정한다.

18-4

18-5

18-6

18-4~5. 위, 아래도 실핀으로 고정하여 움직이지 않도록 한다.

18-6. 모발을 반 잡아 백콤을 윗 부분에 살짝 넣어 모발을 연결한다.

18-7

18-8

18-9

18-7~8. 싱을 감싸듯이 말아 실핀으로 고정한다.

18-9. 왼쪽 부분도 사선으로 빗질하여 백콤을 넣어준다.

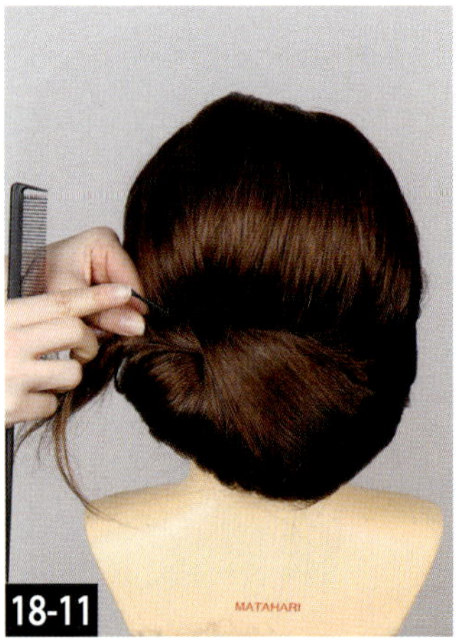

18-10~11. 싱을 감싸듯이 모발을 말아 올려 실핀으로 고정한다.

18-12. 남은 모발을 꼬아 말아 넣어 실핀으로 고정한다.

18-13. 스타일 완성

(19) 겹치기

완성형-앞

완성형-옆(좌)

완성형-옆(우)

완성형-뒤

19-1. 센터를 중심으로 V섹션을 나누고 두 가닥으로 나눈다.

19-2. 두 가닥을 교차한다.

19-3. 사선 섹션으로 모발을 끌어와 왼손 엄지와 검지 위로 겹친다.

19-4~5. 오른손으로 바꿔 잡은 뒤 왼쪽 사선 섹션으로 모발을 끌어와 오른손 엄지와 검지 위로 겹쳐준다.

19-6. 동일한 방법으로 모발을 겹쳐준다.

19-7~8. 중간에 너무 느슨해지지 않도록 양쪽 모발을 당겨 텐션을 준다.

19-9. 네이프 부분까지 겹치고 난 후 오른쪽 모발의 1/3을 검지로 갈라준다.

19-10

19-11

19-12

19-10. 가른 오른쪽 모발을 왼쪽 방향으로 겹쳐준다.

19-11~12. 왼쪽도 동일한 방법으로 모발의 1/3을 검지로 갈라 오른쪽으로 겹친다.

19-13

19-14

19-15

19-13~15. 동일한 방법으로 모발 끝까지 진행한 뒤 모발 끝부분에 백콤을 넣어 고정한다.

19-16

19-17

19-18

19-16. 모발 사이사이를 벌려주어 볼륨감을 준다.

19-17~18. 모발 끝에서부터 말아 올라가 두피에 실핀을 사용해 고정한다.

19-19. 스타일 완성

(20) 겹치기[위로 겹치기, 소라머리 응용]

완성형-앞

완성형-옆(좌)

완성형-옆(우)

완성형-뒤

20-1

20-2

20-3

20-1~2. 사이드 부분과 헤어라인 부분 3cm 간격으로 블로킹을 나눈다.

20-3. 백 부분에 모근에 볼륨감을 주기 위해 백콤을 넣는다.

20-4

20-5

20-6

20-4~6. 방사선으로 모근에 백콤을 넣은 후 가운데로 몰아 잡고 손을 비틀어 위로 말아 올려 소라 형태를 만든다.

20-7

20-8

20-9

20-7~8. 실핀으로 단단하게 고정한다.

20-9. 네이프부터 3cm간격으로 섹션을 나누어 모발을 겹쳐 올린다.

20-10~12. 올라갈 방향으로 섹션을 나눈 뒤 빗질하여 모발을 반복하여 교차시키고 핀셋으로 고정한다.

20-13~15. 소라머리 부분을 덮으며 교차하는 부분이 갈라지지 않도록 적당한 텐션을 유지하며 교차시킨다.

20-16~18. 양 끝의 남은 부분의 모발을 모아 둥근 원을 만들어 실핀으로 고정한다.

20-19

20-20

20-21

20-19~21. 오른쪽 사이드의 모발을 시계 반대 방향으로 꼬아 모발 끝을 반 접어 강하게 꼬아 고정한다.

20-22

20-23

20-24

20-22~24. 탑 부분의 모발도 꼬리빗을 섹션부분에 놓고 시계 반대 방향으로 꼬아 같은 방법으로 고정한다.

20-25

20-26

20-27

20-25~27. 왼쪽 사이드 부분도 오른쪽과 동일한 방법으로 모발을 시계방향으로 꼬아 고정한다.

20-28

20-28. 스타일 완성

(21) 고리

완성형

21-1

21-2

21-3

21-1. B.N.M.P에 모발을 포니테일로 묶는다.

21-2~3. 모발로 고리를 만들고 모발 끝을 묶은 방향 왼쪽 방향으로 돌려준다.

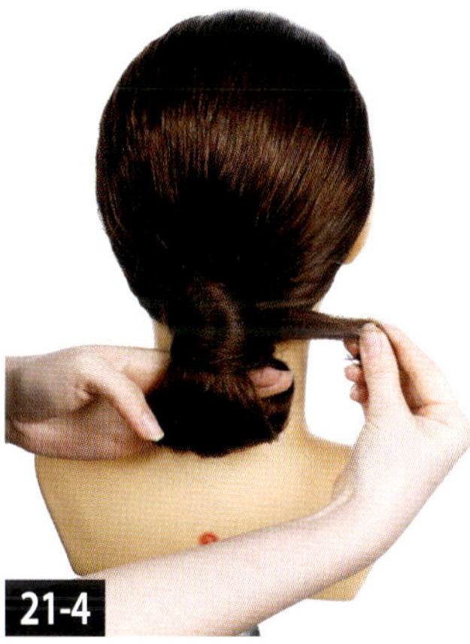

21-4

21-5

21-6

21-4~6. 모발의 묶은 부분을 감싸 돌아와 실핀으로 고정한다.

21-7

21-7. 스타일 완성

(22) 고리[미듐업]

완성형-1

완성형-2

완성형-3

22-1~2. Ear to Ear 섹션으로 나눈다.

22-3. 크라운 부분에 백콤을 넣는다.

22-4. G.B.M.P에 실핀 수평꽂기로 고정한다.

22-5. 오른쪽 모발을 고리를 만들어 실핀으로 고정한다.

22-6. 왼쪽 모발을 고리를 만들어 오른쪽 고리 아래 부분에 고정한다.

22-7~8. 아래 섹션도 위와 같이 반복하여 고리를 만든다.

22-9. 실핀으로 고리 전체 면을 고정한다.

22-10

22-11

22-12

22-10~12. 위와 같은 방법으로 고리를 교차하여 만들어 중심 부분에 고정한다.

22-13

22-14

22-15

22-13. 뒷모습 완성사진

22-14~15. 사이드 부분은 두가닥 꼬기 기법으로 모발 끝까지 꼬아준다.

22-16

22-17

22-18

22-16. 백 부분에 올려 고정한다.

22-17~18. 반대쪽 사이드도 동일하게 진행하여 백 부분에 볼륨을 형성한다.

(23) 고리[고리+말기]

완성형–앞

완성형–옆(좌)

완성형–옆(우)

완성형–뒤

23-1~2. 블로킹: 사이드 파팅, 엑스테리어 부분 V파팅

23-3. 백 부분에 백콤을 넣어 모근에 볼륨감을 준다.

23-4~5. 겉머리를 빗질하여 볼륨감을 조절하여 묶는다.

23-6. 왼쪽 사이드 파팅을 느슨하게 빗질하여 뒷 방향으로 자연스럽게 흐르도록 한다.

23-7~8. 사이드 모발을 꼬아 백부분에 실핀으로 고정한다.

23-9. 오른쪽사이드 모발을 백부분과 연결되도록 사선으로 빗질한다.

23-10

23-11

23-10~11. 모발을 꼬아 백부분에 교차하게 놓은 뒤 실핀으로 고정한다.

23-12

23-12. 모발을 3등분하고 왼쪽 사이드 모발을 사선으로 빗질하고 백콤을 넣는다.

23-13

23-14

23-15

23-13~15. 고리형태로 회전하여 실핀으로 고정하고 반대쪽 오른쪽 사이드도 동일한 방법으로 고정한다.

23-16

23-17

23-18

23-16~18. 가운데 모발에 백콤을 넣어 모발을 연결하고 말아주어 실핀으로 고정한다.

23-19. 스타일 완성

(24) 고리[다운업]

완성형-앞

완성형-옆(좌)

완성형-옆(우)

완성형-뒤

24-1~3. 블로킹 : 왼쪽 사이드 가르마 Ear To Ear 파팅

24-4~6. 백부분에 백콤을 넣어 볼륨을 준 뒤 B.P 부분에 모발을 모아 잡는다.

24-7~8. 실핀으로 수평 꽂기를 하여 모발을 고정한다.

24-9. 왼쪽 사이드 모발을 뒤로 자연스럽게 넘어가도록 빗질한다.

24-10. 검지로 공간을 만들어 회전하여 실핀으로 고정한다.

24-11. 다시 한번 고리를 만들어 백 중앙에 고정한다.

24-12. 반대쪽 사이드도 동일한 방법으로 중앙에 고정한다.

24-13. 왼쪽 사이드 남은 모발로 오른쪽 방향으로 고리를 만들어 실핀으로 고정한다.

24-14. 오른쪽 백 사이드 부분에 모발을 가져와 고리를 만들어 준다.

24-15. 왼쪽 백사이드 모발을 가져와 고리가 교차 될 수 있도록 만들어 고정한다.

24-16. 중앙에 작은 고리를 만들어 고정한다.

24-17. 오른쪽 네이프 모발을 가져와 고리를 만들어 고정한다.

24-18. 왼쪽 네이프 모발을 가져와 고리를 만들어 고정한다.

24-19. 남은 모발을 말아주어 고정한다.

24-20. 스타일 완성

(25) S컬 업스타일 1

완성형–앞

완성형–옆(좌)

완성형–옆(우)

완성형–뒤

25-1~3. 블로킹 : 오른쪽 사이드 파팅, Ear to Ear(E-to-E) 라인보다 넓게 파팅을 나눈다.

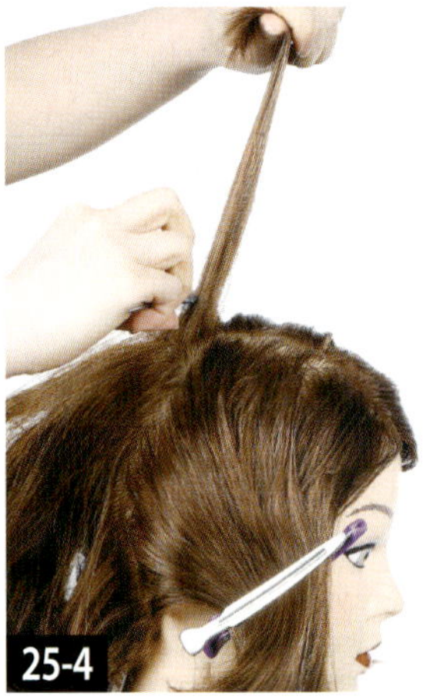

25-4. 백 부분에 백콤을 넣어 볼륨감을 형성한다.

25-5. B.N.M.P에 잡은 모발을 회전하여 실핀으로 고정한다.

25-6. 남은 모발에 백콤을 넣어 준다.

25-7~8. 실핀으로 고정해 토대를 만든다.

25-9. 왼쪽 네이프 패널의 윗부분을 백콤을 넣어 볼륨감과 면을 연결한다.

25-10. 위로 빗질하여 S컬을 만들고 U핀으로 고정한다.

25-11~12. 반대쪽 네이프도 동일하게 작업한다.

25-13. 왼쪽 네이프 사이드 모발에 백콤으로 연결할 뒤 백으로 끌고 와 S 컬을 만들어 고정한다.

25-14~15. 왼쪽 사이드 부분도 백콤으로 면을 연결하여 S컬을 만들어 백과 연결한 뒤 고정한다.

25-16~18. 오른쪽 백사이드 부분에 백콤을 넣어 연결하여 S 컬을 만들어 백과 연결한다.

25-19~21. 왼쪽 사이드 윗 부분에 백콤을 넣어 연결하여 S 컬을 만들어 백과 연결한다.

25-22~24. 프린지 모발에 백콤을 넣어 대각선으로 빗질하여 S컬을 만들어 백과 연결한다.

25-25~27. 오른쪽 사이드 모발도 동일하게 백콤을 넣어 연결하여 S 컬을 만들어 백과 연결한다.

25-28

25-28. 스타일 완성

(26) S컬 업스타일 2

완성형-앞

완성형-옆(좌)

완성형-옆(우)

완성형-뒤

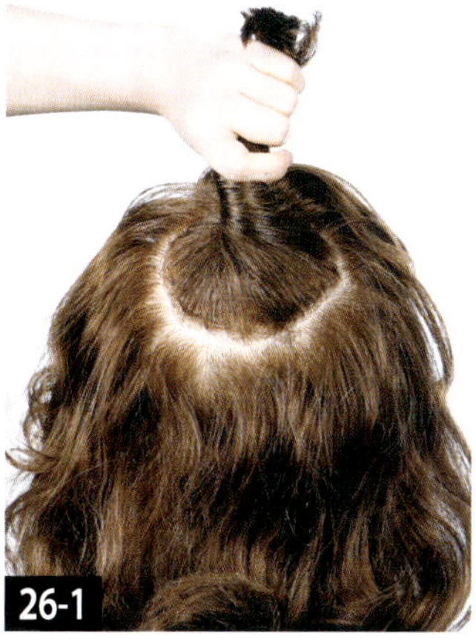

26-1. G.P 부분에 원형의 파팅을 나눈다.

26-2. 볼륨감을 주기 위해 백콤을 넣는다.

26-3. 원형으로 회전하여 놓은 후 U핀으로 고정한다. 아랫부분 삼각 섹션을 나눈다.

26-4. 패널의 윗부분을 백콤을 넣는다.

26-5. 위 방향으로 빗질하여 S컬을 만들고 U핀으로 고정한다.

26-6. 왼쪽 네이프 부분에 모발을 잡고 위 패널에 백콤을 넣는다.

26-7. 위로 올려 빗질하여 S컬을 만든다.

26-8~9. 오른쪽 네이프 부분에 모발을 잡고 위 패널에 백콤을 넣고 위로 올려 빗질하여 S컬을 만든다.

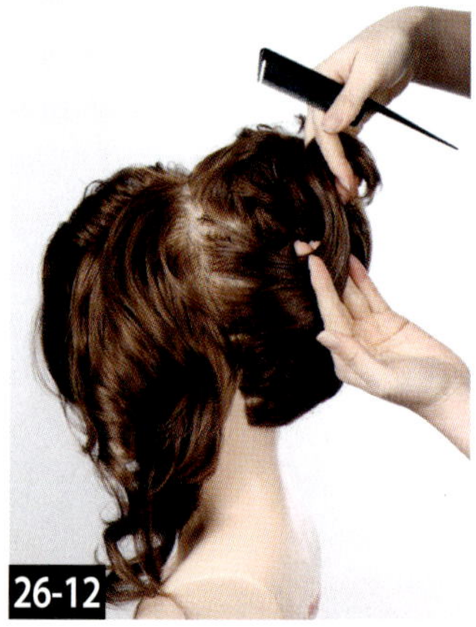

26-10~11. 오른쪽 백사이드 모발을 잡아 백콤을 넣은 뒤 골덴 포인트 방향으로 S컬을 만들어 고정한다.

26-12. 왼쪽 백사이드 모발을 잡아 백콤을 넣은 뒤 골덴 포인트 방향으로 S컬을 만들어 고정한다.

26-13~15. 왼쪽 사이드 모발에 백콤을 넣은 뒤 골덴 포인트 방향으로 S컬을 만들어 고정한다.

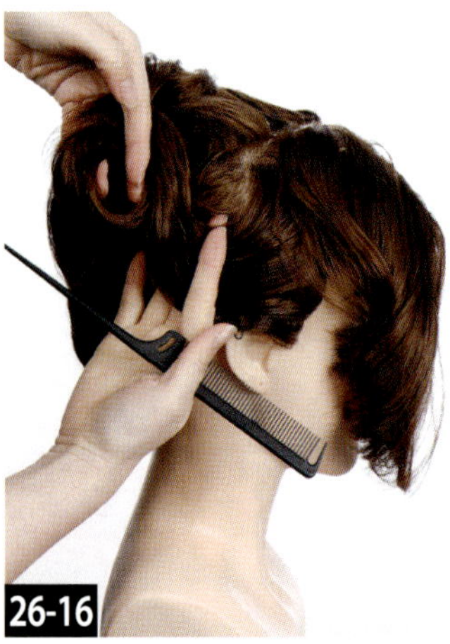

26-16~18. 오른쪽 사이드 모발에 백콤을 넣은 뒤 골덴 포인트 방향으로 S컬을 만들어 고정한다.

26-19

26-20

26-19~20. 프린지 모발에 백콤을 넣은 뒤 골덴 포인트 방향으로 S컬을 만들어 고정한다.

26-21

26-21. 스타일 완성

2. 응용 업스타일

응용 (1)
두 가닥 꼬기

응용 (2) 두 가닥 꼬기

응용 (3)
꼬기+말기

응용 (4)
꼬기+말기

응용 (5)
꼬기+말기

응용 (6)
짧은머리 두 가닥 꼬기

응용 (7)
짧은머리+꼬기

응용 (8)
꼬기+C컬

응용 (9)
짧은머리 다운업

응용 (10)
세 가닥 땋기

응용 (11)
세 가닥 끌어 땋기+말기

응용 (12)
말기

응용 (13)
말기 다운업

응용 (14)
말기

응용 (15)
말기+S컬

응용 (16)
고리 다운업

응용 (17)
고리

응용 (18)
고리[수직]

응용 (19)
세 가닥 땋기+매듭

응용 (20)
S컬 업스타일

응용 (21)
볼륨 업스타일

응용 (22) 피스활용[짧은
머리 C컬]

응용 (23) 피스활용[짧은
머리 꼬기]

응용 (24)
피스응용[다운업]

응용 (25)
피스활용[S컬]

응용 (26)
피스활용[말기]

응용 (27) 피스활용[땋은
모발 피스]

2. 응용 업스타일

응용 (1) 두 가닥 꼬기

완성형–앞

완성형–옆(좌)

완성형–옆(우)

완성형–뒤

1-1

1-1. 블로킹 : S.C.P~T.P~S.C.P. 백부분

1-2

1-2. 프린지 부분을 파팅 부분에 선이 보이지 않도록 G.P 부분에 묶는다.

1-3

1-3. 고무줄이 보이지 않도록 모발 한 가닥으로 감싸준다.

1-4

1-4. 묶은 모발을 두 가닥으로 나눈 뒤 시계 반대 방향으로 꼬아주고 모발을 시계 방향으로 교차한다. 왼쪽에서 모발을 끌어와 왼쪽에 있는 모발과 합쳐 시계 반대 방향으로 꼬아준다.

1-5

1-5. 오른쪽 모발도 끌어와 오른쪽 모발과 합쳐 시계 반대 방향으로 꼬아준다.

1-6

1-6. 두 개의 모발을 교차한다.

1-7

1-8

1-7~8. 동일한 방법으로 내려오며 꼬아준다.

1-9. 모발 끝부터 말아 올려 네이프 부분에 고정한다.

1-10. 스타일 완성

응용 (2) 두 가닥 꼬기

완성형-앞

완성형-옆(좌)

완성형-옆(우)

완성형-뒤

2-1

2-2

2-3

2-1~3. 블로킹 : 프린지, 양 사이드, 크라운 부분, 네이프 부분

2-4

2-5

2-6

2-4~6. 크라운 부분에 백콤을 넣어 볼륨을 준 뒤 겉머리를 가지런히 빗질한다.

2-7

2-7. 고무줄을 이용해 모발을 묶는다.

2-8

2-8. 네이프 부분의 모발도 묶어준다.

2-9

2-9. 왼쪽 사이드 모발을 두 가닥으로 나눈 뒤 시계 반대 방향으로 회전한다.

2-10~12. 모발을 교차한 뒤 수평 섹션으로 왼쪽 모발을 끌어와 위에 있는 모발에 합친 후 다시 교차하여 네이프 사이드 모발까지 동일한 방법으로 진행한다.

2-13. U핀을 사용해 묶은 모발 윗부분에 고정한다.

2-14~15. 왼쪽 사이드 모발도 두 가닥의 모발을 수평으로 잡고 꼬아준다.

2-16~17. 네이프 사이드 모발까지 동일한 방법으로 진행하여 U핀으로 고정한다.

2-18. 스타일 완성

응용 (3) 꼬기+말기

완성형–앞

완성형–옆(좌)

완성형–옆(우)

완성형–뒤

3-1~2. 블로킹 : F.S.P~B.P~F.S.P

3-3. 인테리어 부분의 모발을 잡고 빗질하여 B.P 부분에 모발을 묶고 모발 끝 쪽에 다시 묶어준다.

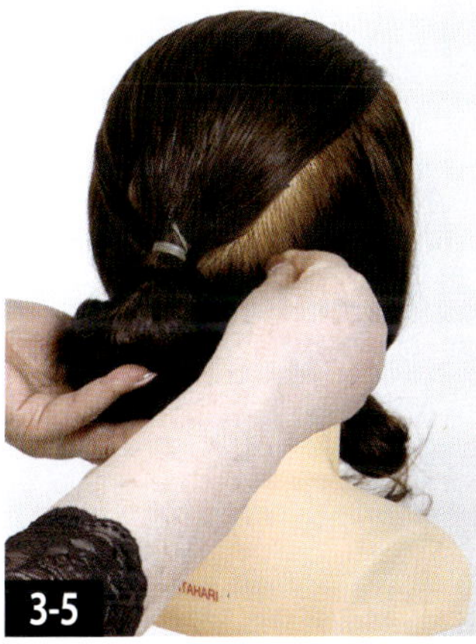

3-4~5. 모발 끝부터 말아 올려 망을 씌워 네이프 부분에 고정한다.

3-6. 왼쪽 사이드 부분은 수평 섹션을 나누어 준다.

3-7~9. 시계 반대 방향으로 꼬아 시계방향으로 교차한 뒤 수평으로 모발 한 가닥을 끌어와 오른쪽 모발에 합치고 꼬아 다시 교차한다.

3-10~11. 모발 끝까지 꼬아주고 말아 묶은 부위에 U핀으로 고정한다.

3-12. 오른쪽 사이드도 수평 섹션으로 두 가닥을 나눈다.

3-13~15. 시계방향으로 꼬아준 뒤 교차하여 왼쪽과 동일한 방법으로 진행한다.

3-16~17. 모발 끝부터 말아 U 핀으로 고정한다.

3-18. 스타일 완성

응용 (4) 꼬기+말기

완성형–앞

완성형–옆(좌)

완성형–옆(우)

완성형–뒤

4-1~3. 블로킹 : 왼쪽 사이드파트 Ear To Ear, 크라운 부분, 네이프 부분

4-4. 크라운 부분에 백콤을 넣어 볼륨을 준다.

4-5~6. 겉머리를 깨끗하게 빗질한 뒤 실핀 수평 꽂기를 하여 고정한다.

4-7~8. 왼쪽 사이드 모발을 꼬아 백으로 끌고 온 뒤 고리를 만들어 실핀으로 고정한다.

4-9. 왼쪽 사이드 모발도 꼬아준다.

4-10

4-11

4-12

4-10. 백부분으로 끌어와 고리를 만들어 왼쪽 사이드 모발 아래쪽에 고정한다.

4-11~12. 오른쪽 백사이드 모발을 45°각도로 백콤을 넣어 볼륨감을 주면서 고리를 만들어 실핀으로 고정한다.

4-13

4-14

4-15

4-13~14. 오른쪽 백사이드도 동일하게 진행한다.

4-15. 남은 모발을 반으로 나누어 왼쪽에 있는 모발도 동일하게 진행한다.

4-16

4-17

4-18

4-16~17. 남은 모발을 말아주어 실핀으로 고정한다.

4-18. 스타일 완성

응용 (5) 꼬기+말기

완성형-1

완성형-2

완성형-3

완성형-3

5-1

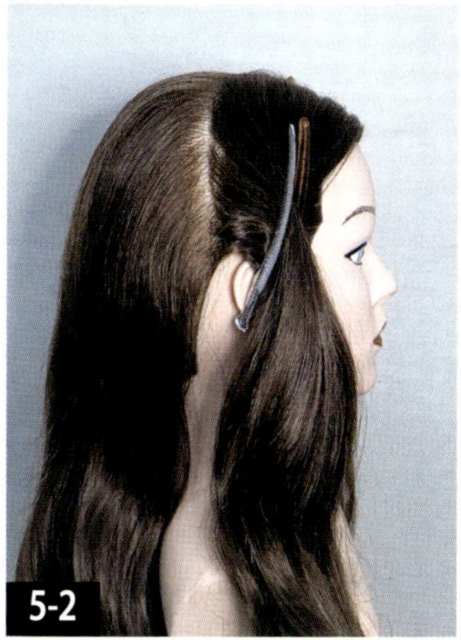
5-2

5-3

5-1~2. Ear to Ear 섹션으로 나눈다.

5-3. 백 부분에 백콤을 넣는다.

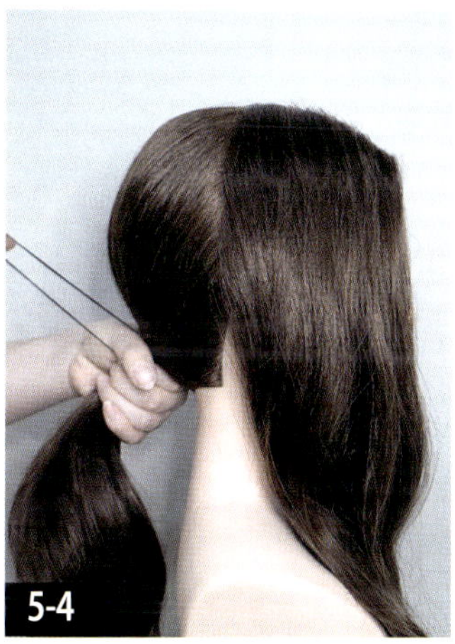
5-4

5-5

5-6

5-4. B.N.M.P에 모발을 묶는다.

5-5~6. 두 가닥으로 나누어 백콤을 넣는다.

5-7

5-8

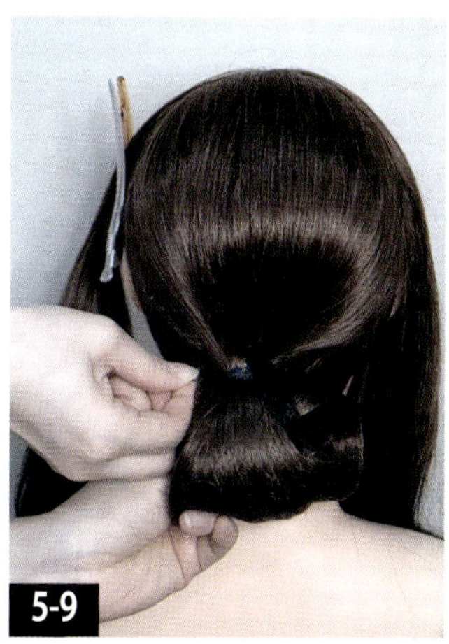
5-9

5-7~9. 망을 씌워 모발 끝부터 말아 네이프에 실핀으로 고정한다.

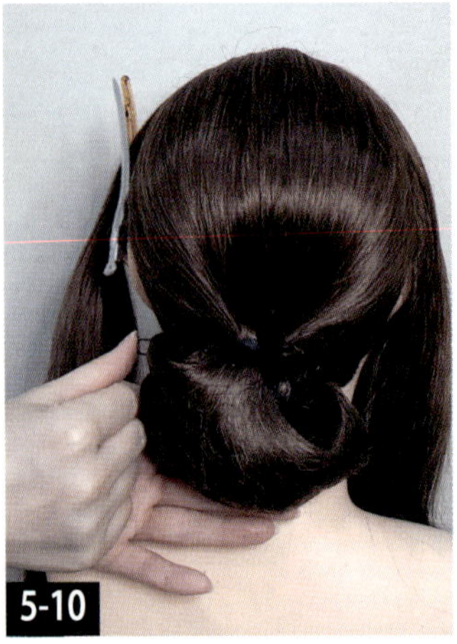
5-10

5-11

5-12

5-10~11. U으로 양끝을 고정한다.

5-12. 오른쪽 사이드는 두 가닥을 시계방향으로 꼬아주고 아래 모발을 위로 올려준다.

5-13

5-14

5-15

5-13~15. 새로운 가닥을 끌어와 다시 시계방향으로 꼬아주고 위 모발과 합친 뒤 꼬아준다.

5-16

5-17

5-18

5-16~18. 반복해서 두 가닥 끌어 꼬기 기법을 진행한다.

5-19~21. 꼰 모발을 말기 기법 위에 얹어 실핀으로 고정한다.

5-22~24. 왼쪽 사이드는 시계 반대방향으로 꼬아주고 아랫머리를 위로 올려 교차한다.

5-25~27. 새로 가닥을 끌어와 다시 시계 반대방향으로 꼬아 위 모발과 합쳐 꼬아준다.

5-28. 꼰 모발을 말기 기법 위에 얹어 실핀으로 고정한다.

응용 (6) 짧은머리 두 가닥 꼬기

완성형-앞

완성형-옆(좌)

완성형-옆(우)

완성형-뒤

6-1

6-2

6-3

6-1~3. 블로킹 : 오른쪽 사이드 파트 Ear To Ear, 크라운, 네이프

6-4

6-5

6-6

6-4~5. 오른쪽 네이프 사이드를 45°로 빗질하여 백콤을 넣어 볼륨을 주고 말기 기법을 사용하여 실핀으로 고정한다.

6-6. 왼쪽 네이프 사이드도 45°로 빗질한다.

6-7

6-8

6-9

6-7. 모발을 말아 올린 후 실핀으로 고정한다.

6-8~9. 크라운 부분에 백콤을 넣어 볼륨을 살린 뒤 한 바퀴 비틀어 실핀을 안보이게 꽂아 넣는다.

6-10

6-11

6-12

6-10~12. 오른쪽 사이드는 두 가닥 꼬기 기법을 사용하여 꼬아준 뒤 모발 끝을 원을 말아 U핀으로 고정한다.

6-13

6-14

6-15

6-13~15. 왼쪽 사이드도 동일하게 진행한다.

6-16

6-17

6-16~17. 남은 모발 끝에 백콤을 넣어 면을 연결한 뒤 넓게 펼쳐 C컬 모양을 내 고정한다.

6-18

6-18. 스타일 완성

응용 (7) 짧은머리+꼬기

완성형-앞

완성형-옆 1

완성형-옆 2

완성형-뒤

7-1~2. 왼쪽 사이드파트 Ear To Ear, 크라운 부분, 네이프 부분

7-3. 크라운 부분에 볼륨을 주기 위해 백콤을 넣는다.

7-4~5. 겉머리를 가지런히 빗질하고 한 바퀴 회전하여 실핀으로 고정한다.

7-5. 왼쪽 사이드는 사선 섹션을 나누어 모근에 백콤을 넣어준다.

7-7~8. 백 방향으로 사선으로 빗질하고 한 바퀴 꼬아준 뒤 고정한다.

7-9. 프린지 부분에 백콤을 넣어 볼륨을 준다.

7-10

7-11

7-12

7-10~12. 백 방향으로 사선으로 빗질하여 한 바퀴 꼬아준 뒤 U핀으로 고정한다.

7-13

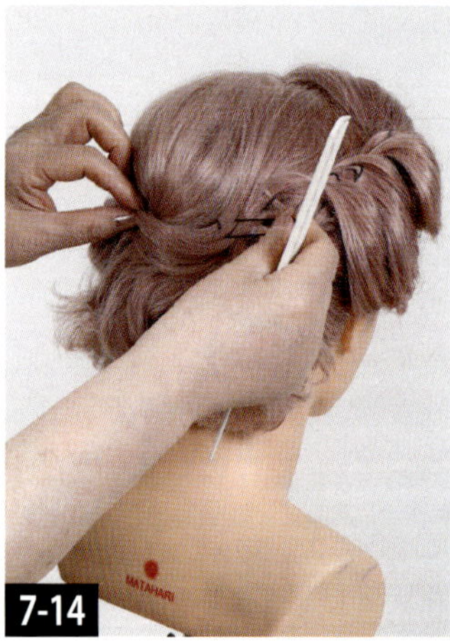
7-14

7-15

7-13~15. 동일한 방법으로 진행하며 아래 섹션으로 내려간다. 네이프 부분을 백콤을 넣어 볼륨감을 만든 뒤 C컬로 마무리한다.

7-16

7-16. 스타일 완성

응용 (8) 꼬기+C컬

완성형-앞

완성형-옆(좌)

완성형-옆(우)

완성형-뒤

8-1. 블로킹 : 크라운 부분과 나머지 부분으로 나누어 준다.

8-2. G.P 부분에 모발을 묶어준다.

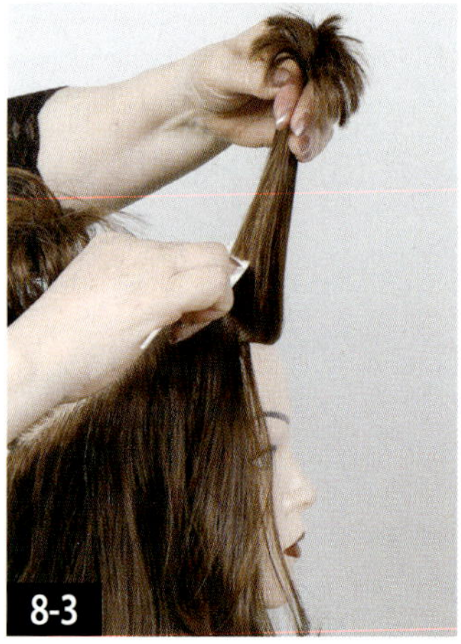

8-3. 프린지 부분을 중심으로 방사선 섹션을 나누어 백콤을 넣는다.

8-4. 시계방향으로 모발을 한 바퀴 이상 회전하여 실핀으로 고정한다.

8-5~6. 시계방향으로 돌아가며 같은 방법으로 회전하여 고정한다.

8-7~9. 방사선 섹션으로 시계방향으로 꼬아주어 G.P 부분으로 모발을 끌어 올려 고정한다.

8-10~12. 묶은 부분을 백콤을 넣어 볼륨감을 주고 C컬을 겹겹이 쌓아 모발을 펼쳐 준다.

8-13~14. 옆모습과 앞모습을 보았을 때 삼각 구도가 나올 수 있도록 볼륨감을 조절한다.

8-15. 스타일 완성

응용 (9) 짧은머리 다운업

완성형-앞

완성형-옆(좌)

완성형-옆(우)

완성형-뒤

9-1~3. 블로킹 : 왼쪽 사이드파트 Ear To Ear, 백부분

9-4. 크라운 부분에 백콤을 2~3cm 넣어 볼륨감을 준다.

9-5~6. 왼손으로 모아 잡은 뒤 실핀으로 고정한다.

9-7. 프린지 부분에 백콤을 넣어 볼륨을 준 뒤 사이드와 합쳐 겉머리를 빗질한다.

9-8~9. 백 방향으로 빗질하여 모발을 회전하고 실핀으로 고정한다.

9-10

9-11

9-12

9-10. 오른쪽 사이드도 동일한 방법으로 진행한다.

9-11~12. 네이프 부분에 백콤을 넣어 말아 주고 실핀으로 고정한다.

9-13

9-14

9-15

9-13~15. 동일한 방법으로 오른쪽 네이프도 진행하고 중앙에 있는 모발은 위로 말아 올려려 고정한다.

9-16

9-16. 스타일 완성

응용 (10) 세 가닥 땋기

완성형-앞

완성형-옆(좌)

완성형-옆(우)

완성형-뒤

10-1

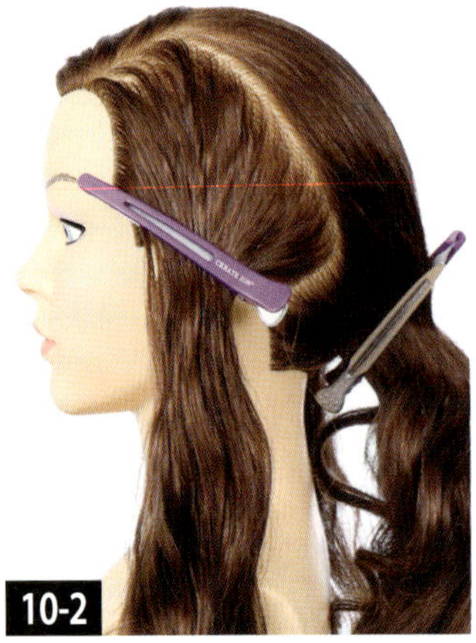
10-2

10-3

10-1~3. 왼쪽 사이드 파트~E.B.P. 백부분

10-4

10-5

10-6

10-4. B.N.M.P에 백부분 모발을 모아 묶는다.

10-5~6. 모발 끝부터 말아 올려 양쪽을 펼쳐 실핀으로 고정한다.

10-7

10-8

10-9

10-7. 세 가닥 땋기를 진행한 후 세 번째 가닥을 엄지와 검지 위로 올려준다.

10-8. 끌어온 한 가닥 모발을 검지 중지 사이에 낀다.

10-9. 검지와 중지 사이에 있는 모발을 잡고 나머지 모발을 내려놓는다.

10-10~12. 검지 중지 사이에 있는 모발을 엄지와 검지로 옮기고 제일 끝에 있는 모발부터 중지 약지 → 엄지 검지 → 중지 약지 → 검지 중지 순으로 교차하며 끼워준다.

10-13~15. 다시 모발을 한 가닥 끌어와 검지 중지 사이로 넣어주며 반복하여 진행한다.

10-16~18. 세 가닥 한쪽 끌어 땋기를 진행하여 모발 끝까지 땋아준다.

10-19~20. 세 가닥 땋기를 한 후 한쪽 면을 잡고 늘려준다.

10-21. 세 가닥 양쪽 끌어 땋기를 진행한다.

10-22~23. 양쪽 끝을 늘려준다.

10-24. 한쪽 끌어 땋기를 한 후 왼쪽 땋은 면을 늘어뜨린다.

10-25~26. 백 중앙으로 합쳐 U핀으로 고정한다.

10-27. 왼쪽 사이드 모발은 모발 끝부터 말아 올려 U핀으로 고정한다.

10-28~29. 오른쪽 사이드 모발도 동일하게 진행하여 U핀으로 고정한다.

10-30. 스타일 완성

응용 (11) 세 가닥 끌어 땋기+말기

완성형–앞

완성형–옆(좌)

완성형–옆(우)

완성형–뒤

11-1

11-2

11-3

11-1~2. 블로킹 : 크라운 부분을 나눈다.

11-3. 크라운 부분을 곱게 빗질한다.

11-4

11-5

11-6

11-4. B.N.M.P 부분에 모발을 묶고 모발 끝부터 말아준다.

11-5. 말아 올린 양 끝을 고정한다.

11-6. 왼쪽 사이드는 세 가닥으로 나누어 준다.

11-7

11-8

11-9

11-7~8. 세 가닥 한쪽 끌어 땋기를 진행한다.

11-9. 프린지 부분에 2~3cm 백콤을 넣어 볼륨을 준다.

11-10

11-11

11-12

11-10~12. 세 가닥 한쪽 끌어 땋기를 진행한다.

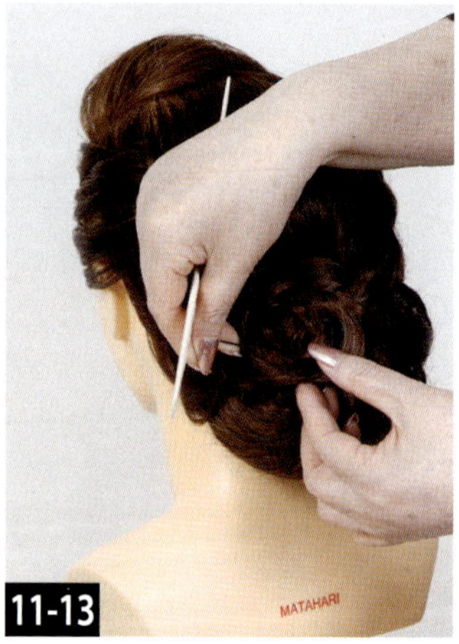

11-13

11-13. 모발 끝을 말아 네이프 부분에 올려 고정한다.

11-14

11-14. 스타일 완성

응용 (12) 말기

완성형-앞

완성형-옆(좌)

완성형-옆(우)

완성형-뒤

12-1

12-2

12-3

12-1~3. 블로킹 : 프린지, E.P~G.B.M.P~E.P, 네이프 부분

12-4

12-5

12-6

12-4. 3등분으로 모발을 묶은 뒤 묶은 윗부분을 벌린다.

12-5~6. 묶은 부분을 벌린 사이로 넣어 모발을 빼준다.

12-7

12-8

12-9

12-7~8. 동일한 방법으로 묶은 두 부위 모두 진행한다.

12-9. 묶은 한 부위에 모발을 두 가닥으로 나누어 말기 기법을 하여 고정한다.

12-10

12-11

12-10~11. 반대쪽 사이드도 동일하게 진행하여 고정한다.

12-12

12-12. 두 번째 묶은 모발도 두 가닥으로 나누어 교차시킨 뒤 고정한다.

12-13

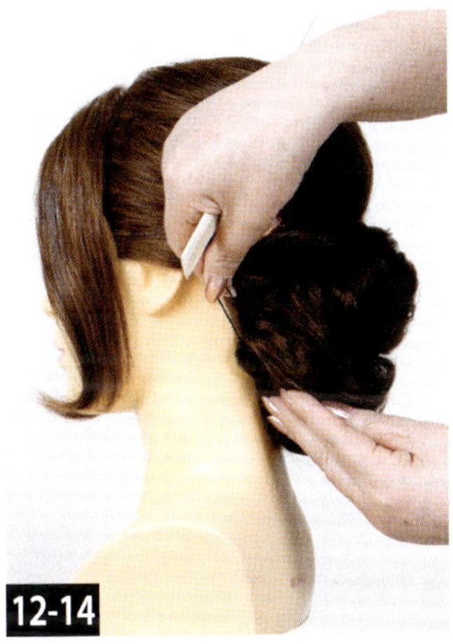
12-14

12-13~14. 세 번째 묶은 모발도 동일한 방법으로 진행하여 마무리한다.

12-15

12-15. 스타일 완성

응용 (13) 말기 다운업

완성형-앞

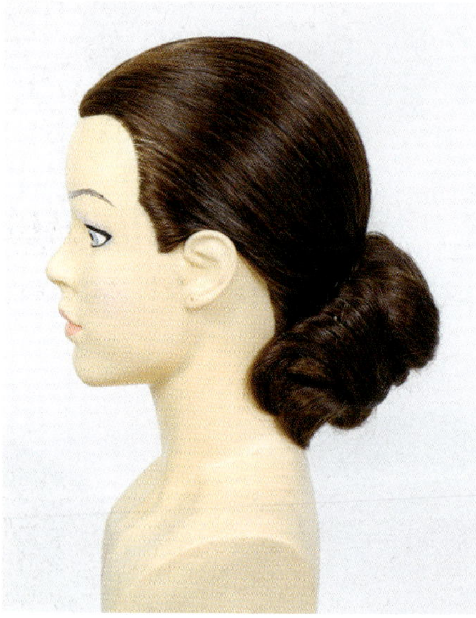

완성형-옆 1

완성형-옆 2

완성형-뒤

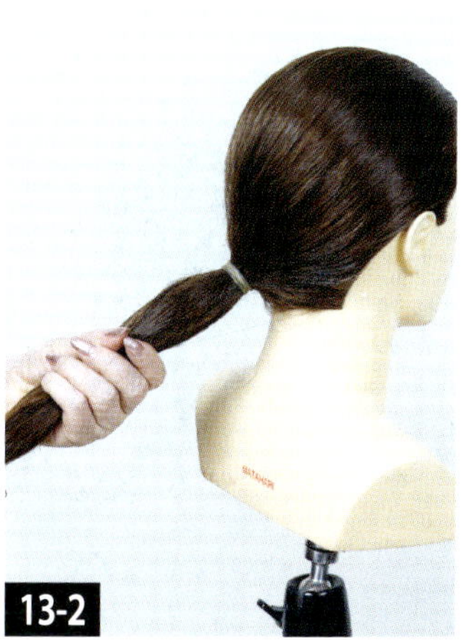

13-1~2. B.N.M.P에 모발을 모아 묶는다.

13-3. 모발을 여섯 가닥으로 나누고 제일 윗부분에 두 모발을 교차시켜 위로 말아 올린다.

13-4~5. U핀을 사용해 고정한다.

13-6. 네 번째 다섯 번째 가닥을 잡아 교차한다.

13-7~8. 위와 동일한 방법으로 말아 U핀으로 고정한다.

13-9. 아래 남은 두 가닥의 모발도 교차한다.

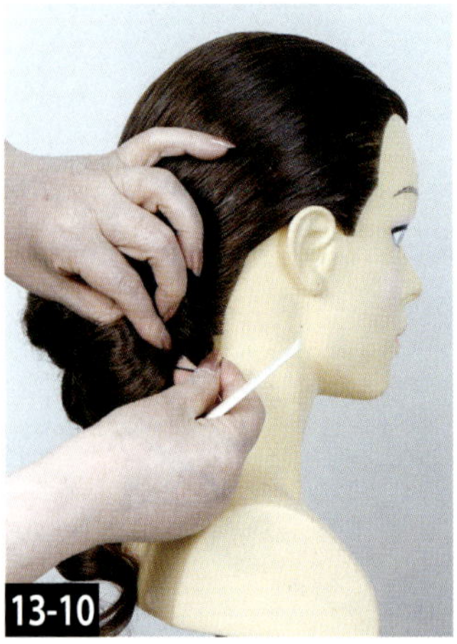

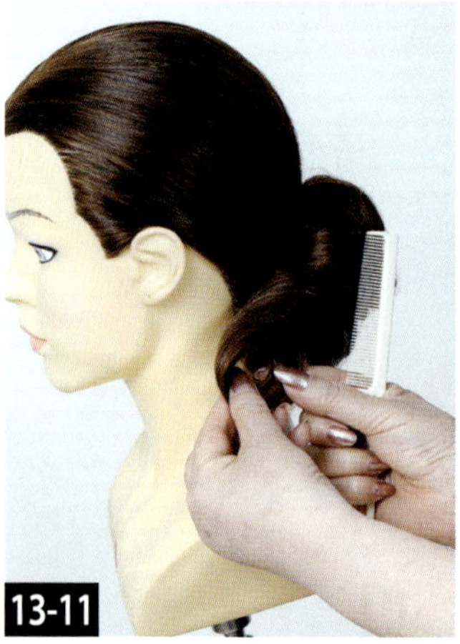

13-10~11. 말아 올려 네이프 부분을 감싸 고정한다.

13-12. 스타일 완성

응용 (14) 말기

완성형-앞

완성형-옆(좌)

완성형-옆(우)

완성형-뒤

14-1~2. 블로킹 : 왼쪽 사이드 파트, T.G.M.P~B.P 부분의 원형

14-3. 원형 부분에 백콤을 2~3cm 넣어 모근에 볼륨을 준다.

14-4. 수평 꽂기를 사용해 실핀으로 B.N.M.P부분을 고정한다.

14-5~6. 왼쪽 사이드와 네이프 사이드 부분을 각도를 다운시켜 패널의 윗부분에 백콤을 넣는다.

14-7~8. 오른쪽 사이드와 네이프 사이드 부분을 각도를 다운시켜 패널의 윗부분에 백콤을 넣는다.

14-9. 프린지 부분에 백콤을 넣어 볼륨을 준다.

14-10. 사선방향으로 빗질하여 모발을 뒤로 넘어가도록 한다.

14-11. 모발을 한 번 회전하여 고정하고 사이드 모발도 얼굴 뒷 방향으로 빗질한다.

14-12. 모발을 앞 볼륨과 맞추어 한 바퀴 말아 준다.

14-13. 실핀으로 고정한 뒤 U핀을 사용해 롤이 모근에 안착할 수 있도록 고정한다.

14-14~15. 네이프 사이드 부분의 모발도 겉머리를 깔끔하게 빗질하여 한 바퀴 말아 실핀으로 고정한다.

14-16~17. 왼쪽 사이드도 롤을 한 바퀴 말아 실핀으로 고정한 뒤 U핀을 수직으로 꽂아 롤을 안착시킨다.

14-18. 앞 볼륨과 맞추어 롤을 진행한다.

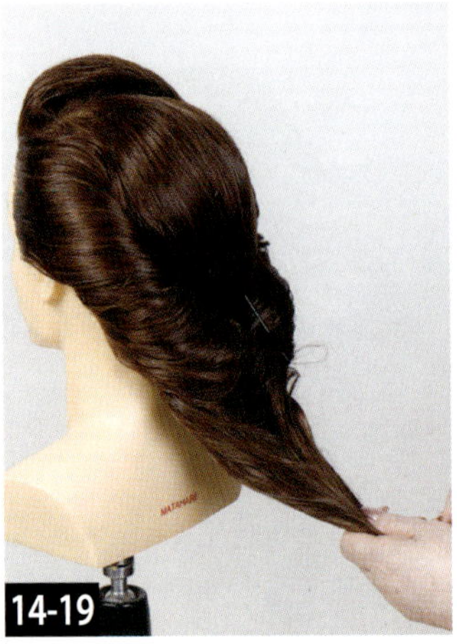

14-19~21. 네이프 부분의 모발을 모아 말아 올려 고정한다.

14-22. 스타일 완성

응용 (15) 말기+S컬

완성형-앞

완성형-옆(좌)

완성형-옆(우)

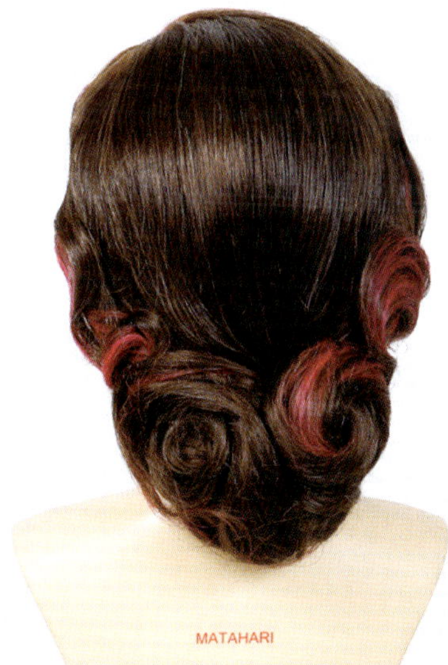

완성형-뒤

15-1~3. 블로킹 : 왼쪽 사이드 파트 3~4cm 간격 헤어라인 V 파팅

15-.4 모근 부위에 백콤을 2~3cm 넣어 볼륨을 준다.

15-5. B.N.M.P부분에 모발을 묶는다.

15-6. 왼쪽 사이드 모발 반을 가져와 묶은 부위를 감싼다.

15-7. 모발끝을 원을만들어고정한다.

15-8. 묶은 부분 모발을 롤을 말아 토대를 만들어 핀으로 고정한다.

15-9. 프린지부분을뺀오른쪽사이드 모발도 동일하게 진행한다.

15-10. 토대를 감싸며 원을 만들어 U 핀으로 고정한다.

15-11~12. 손의 방향을 교차로 밀어주어 S컬을 만들다.

15-13. U핀으로 S컬이 풀리지 않도록 고정한다.

15-14~15. 왼쪽 사이드 모발도 S컬을 만들며 내려와 고정한다.

15-16. 스타일 완성

응용 (16) 고리 다운업

완성형-앞

완성형-옆(좌)

완성형-옆(우)

완성형-뒤

16-1

16-2

16-3

16-1~3. 크라운 부분에 백콤을 넣어 모근에 볼륨을 넣고 겉머리를 빗질하여 실핀 수평 꽂기를 사용해 고정한다.

16-4

16-5

16-6

16-4~6. 실핀으로 고정한 모발을 면 백콤을 넣어 위로 말아 올려 실핀으로 고정한다.

16-7

16-8

16-9

16-7. 동일한 방법으로 수평 꽂기 한 실핀이 보이지 않도록 롤을 실핀 위에 얹어 고정한다.

16-8. 왼쪽 사이드 모발을 면 백콤으로 연결한 뒤 한 바퀴 말아 실핀으로 고정한다.

16-9. 남은 모발을 이어서 밑 사선 부분에 롤을 다시 만들어 고정한다.

16-10~12. 이어라인 부분의 모발도 면 백콤을 넣어 한 바퀴 말아 원을 만들어 고정한 뒤 사선으로 원을 다시 만들어 고정한다.

16-13~14. 네이프 부분의 모발도 동일하게 진행하며 전에 말았던 롤 사이사이 아랫부분에 롤을 얹어 고정한다.

16-15. 마지막 롤을 모발 끝부터 모근까지 말아주어 실핀으로 고정한다.

16-16~17. 오른쪽 프린지 부분에 모발을 빗질하여 한 바퀴 회전하여 고정한다.

16-18. 오른쪽 사이드 모발도 동일하게 진행한다.

16-19~21. 이어라인의 모발도 동일하게 진행하며 마무리 모발을 모발 끝부터 말아 올려 고정한다.

16-22. 스타일 완성

응용 (17) 고리

완성형-앞

완성형-옆(좌)

완성형-옆(우)

완성형-뒤

17-1. G.P 부분에 포니테일로 모발을 묶는다.

17-2~3. 8개 가닥으로 모발을 나누고 첫 번째 모발을 탑 부분에서 S자 형태로 고리를 만들어 U핀으로 고정한다.

17-4~5. 다른 한 가닥의 모발로 왼쪽에 만든 고리 위에 얹어 고리를 만들어 고정한다.

17-6. 왼쪽 탑 부분의 모발도 말아 고리를 만들어 고정한다.

17-7. U핀을 사용해 고리가 뜨지 않도록 고정한다.

17-8. 바로 밑에 부분에 연결하여 고리를 한 가닥 만든다.

17-9. 오른쪽 밑에 부분에 연결하여 고리를 만든다.

17-10. 오른쪽 고리 위에 얹어 고리를 만든다.

17-11. 왼쪽 아랫부분에 구도를 살피며 고리를 만든다.

17-12. 전체적으로 연결될 수 있도록 U핀으로 고정한다.

17-13. 스타일 완성

응용 (18) 고리[수직]

완성형-앞

완성형-옆(좌)

완성형-옆(우)

완성형-뒤

18-1

18-2

18-1~2. 사선 파팅 3~4cm간격으로 6개의 등분을 나눈다.

18-3

18-3. 육등분을센터를중심으로프린지를 뺀 나머지 모발을 묶는다.

18-4

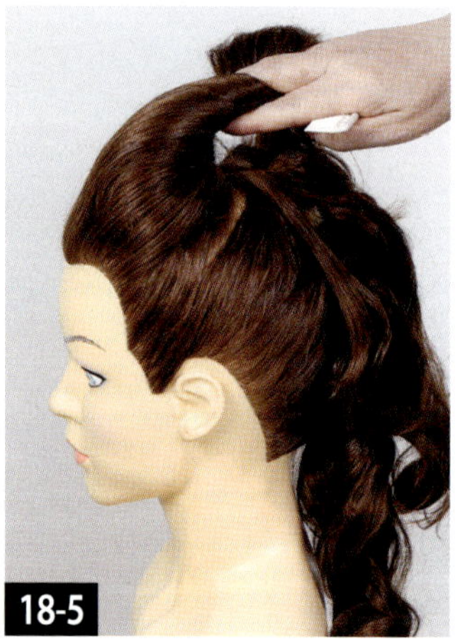
18-5

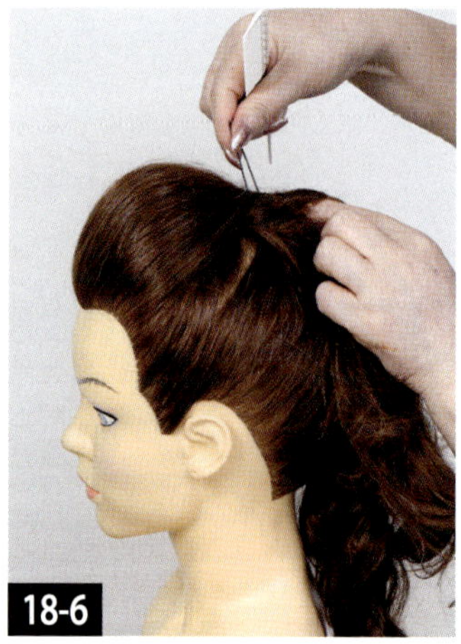
18-6

18-4~6. 프린지 부분에 백콤을 넣어 볼륨을 주고 한 바퀴 회전하여 실핀으로 고정한다.

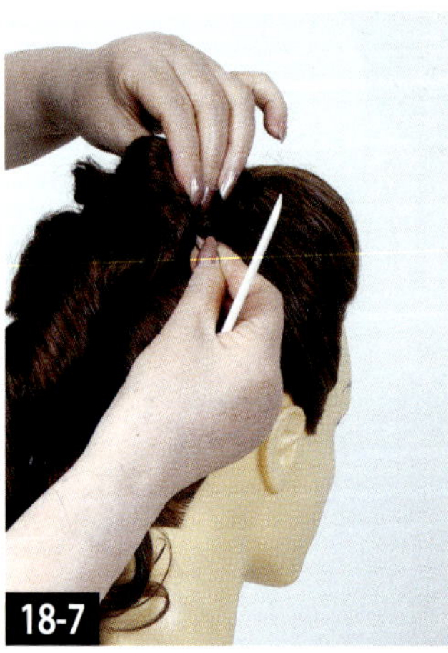
18-7

18-7. 프린지 부분의 모발을 윗 방향으로 한 바퀴 회전하여 실핀으로 고정한다.

18-8

18-8. 중앙의 모발을 두 가닥으로 나누어 교차한 뒤 롤을 만들어 실핀으로 고정한다.

18-9

18-9. 동일한 방법으로 진행한다.

18-10

18-11

18-12

18-10~12. 마지막 네이프 부분의 모발을 말아주어 실핀으로 고정한 뒤 모발을 펼쳐 조개 모양을 만든다.

18-13

18-13. 스타일 완성

응용 (19) 세 가닥 땋기+매듭

완성형-앞

완성형-옆(좌)

완성형-옆(우)

완성형-뒤

19-1

19-2

19-3

19-1~3. 블로킹 : 크라운 부분과 헤어라인 부분으로 나눈 뒤 헤어라인 부분을 4~5cm 간격으로 나눈다.

19-4

19-4. 크라운 부분에 백콤을 넣어 볼륨을 준다.

19-5

19-5. 크라운 부분의 모발을 한 바퀴 회전하여 실핀으로 고정한다.

19-6

19-6. 오른쪽크라운옆부분에모발을 잡아 백콤을 넣어 볼륨을 준다.

19-7

19-7. 크라운반대쪽으로모발을끌어와 실핀으로 고정한다.

19-8

19-9

19-8~9. 프린지 부분의 모발을 세 가닥 땋기하여 매듭지어 U핀으로 고정한다.

19-10

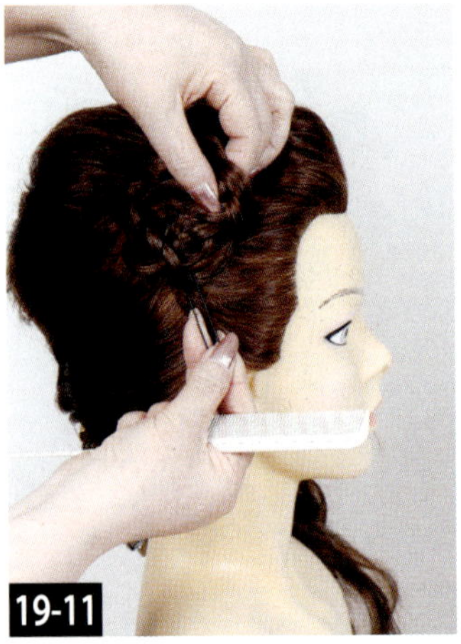
19-11

19-12

19-10~11. 오른쪽 사이드 부분도 동일하게 진행하고 경계선 부위에 매듭을 올려 고정한다.

19-12. 왼쪽 사이드 부분도 이등분으로 나누어 동일하게 진행한다.

19-13

19-14

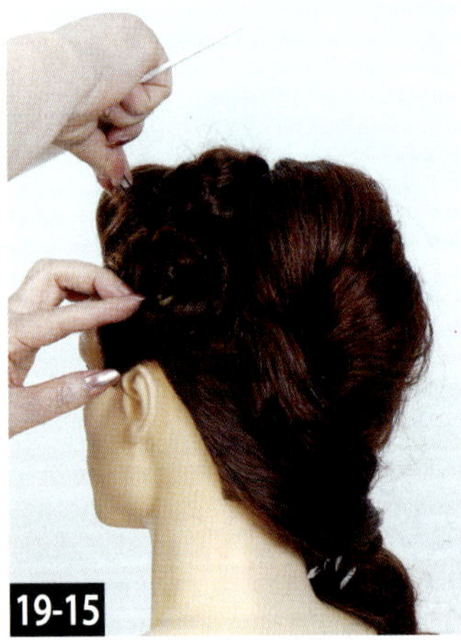
19-15

19-13~15. 파팅선이 보이지 않도록 매듭을 올려 고정한다.

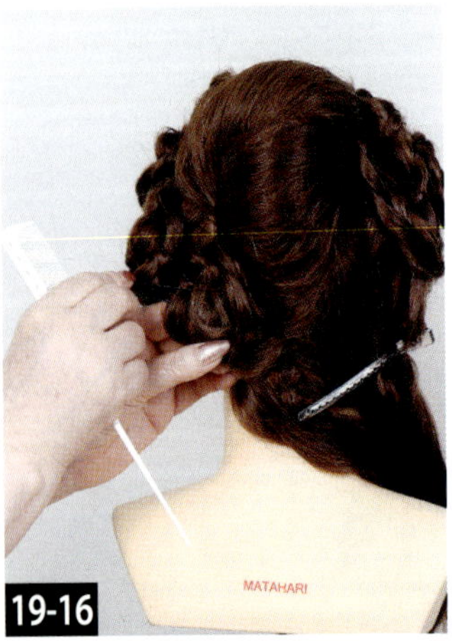
19-16

19-17

19-18

19-16. 네이프 사이드 부분도 세 가닥 땋기를 진행하여 매듭을 지어 고정한다.

19-17~18. 네이프 부분도 동일한 방법으로 진행한다.

19-19

19-20

19-21

19-19~20. 오른쪽 부분의 네이프도 동일한 방법으로 진행한다.

19-21. 스타일 완성

응용 (20) S컬 업스타일

완성형-앞

완성형-옆 1

완성형-옆 2

완성형-뒤

20-1. 블로킹 : Ear to Ear와 백부분으로 나눈다.

20-2. G.P부분에 포니테일로 묶는다.

20-3. 프린지 부분은 백콤을 넣어 볼륨을 준다.

20-4. 프린지 부분을 S컬을 만들어 고정한다.

20-5~6. G.P를 중심으로 모발을 방사선 형태로 나누어 S컬을 만든다.

20-7~9. 시계방향으로 회전하며 S컬을 만들어 묶은 부분의 모발과 모근 부위를 연결한다.

20-10~12. 동일한 방법으로 시계방향으로 진행한다.

20-13~14. 빈 곳이 보이지 않도록 S컬을 만들며 진행한다.

20-15. 스타일 완성

응용 (21) 볼륨 업스타일

완성형-앞

완성형-옆 1

완성형-옆 2

완성형-뒤

21-1. 블로킹 : 프린지 부분과 크라운 부분, 네이프 부분으로 삼등분 한다.

21-2. G.P 부분에 포니테일로 묶는다.

21-3~4. 묶은 모발에 모발 끝까지 백콤을 넣는다. 모발을 위로 올려 실핀으로 고정한다.

21-5~6. 모발을 뒤로 빗질하여 볼륨감을 조절한 뒤 B.P부분에 모발을 모아잡고 회전하여 실핀으로 고정한다.

21-7

21-8

21-9

21-7~9. 네이프 부분의 모발에 백콤을 넣어 위로 빗질하여 B.P에서 모아 잡아 회전하여 실핀으로 고정한다.

21-10

21-11

21-12

21-10~12. 양 사이드 모발을 C컬로 빗질하여 B.P를 향해 모발을 끌어와 고정한다.

21-13

21-13. 스타일 완성

응용 (22) 피스활용[짧은머리 C컬]

완성형-앞

완성형-옆(좌)

완성형-옆(우)

완성형-뒤

22-1~3. 블로킹 : 왼쪽 사이드 파트 Ear to Ear, 크라운, 네이프 4등분

22-4~6. 프린지 부분에 백콤을 넣어 모근 부위에 볼륨을 주고 빗질하여 스프레이로 고정한다.

22-7~8. 프린지 부분을 S컬로 연결하고 백부분과 자연스럽게 연결한다.

22-9. 백 부분에 백콤을 넣어 볼륨을 준다.

22-10. 왼쪽 사이드 부분도 자연스럽게 백부분과 연결하여 빗질한다.

22-11. 파팅선이 보이지 않도록 연결하여 빗질한다.

22-12. B.P 부분에 모발을 모아 실핀으로 고정한다.

22-13~15. 피스를 B.P에 실핀으로 고정하고 C컬을 살려 U핀으로 고정한다.

22-16. 스타일 완성

응용 (23) 피스활용[짧은머리 꼬기]

완성형–앞

완성형–옆(좌)

완성형–옆(우)

완성형–뒤

23-1

23-2

23-3

23-1~2. 블로킹 : 왼쪽 사이드 파트 헤어라인 4~5cm, 크라운 부분

23-3. 프린지 부분을 앞으로 내려 빗질한다.

23-4

23-5

23-6

23-4. 크라운 부분에 모발을 모아 G.P에 묶는다.

23-5~6. 오른쪽 사이드 부분부터 방사선 섹션을 나누어 위로 꼬아 올려 G.P에 고정한다.

23-7

23-8

23-9

23-7~9. 왼쪽 사이드 부분부터 방사선 섹션을 나누어 위로 꼬아 올려 G.P에 고정한다.

23-10~12. G.P 부분에 피스를 실핀으로 고정하여 뒤로 빗질하여 공간이 남지 않도록 고정한다.

23-13~14. 백부분과 사이드도 모발이 연결되도록 U핀으로 고정한다.

23-15. 스타일 완성

응용 (24) 피스응용[다운업]

완성형-앞

완성형-옆(좌)

완성형-옆(우)

완성형-뒤

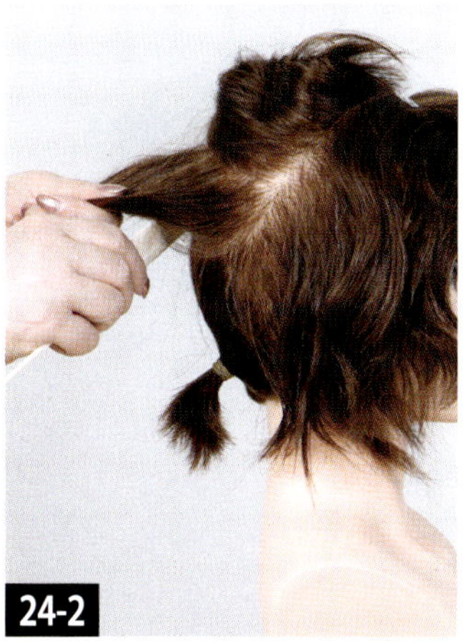

24-1. 블로킹 : Ear to Ear, 크라운 부분

24-2~3. 크라운 부위에 백콤을 넣어 볼륨을 주고 실핀으로 B.P에 고정한다. 네이프 부분은 모아 묶는다.

24-4~5. 프린지 부분에 백콤을 넣어 뒤쪽으로 한 바퀴 꼬아 보낸다.

24-6. 다음 패널도 뒤쪽으로 한 바퀴 꼬아 U핀으로 고정한다.

24-7~8. 동일한 방법으로 아래 패널로 내려가며 진행한다.

24-9. 왼쪽 사이드도 백콤을 넣어 뒷방향으로 꼬아 U핀으로 고정한다.

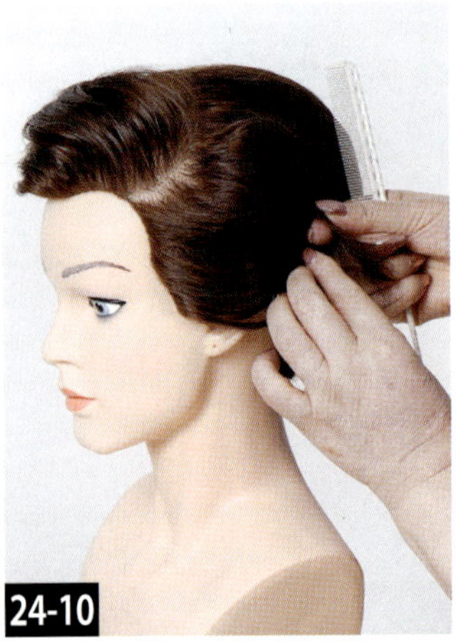
24-10

24-11

24-12

24-10~12. 동일한 방법으로 아래 패널로 내려가며 진행한다.

24-13

24-14

24-15

24-13~14. 피스를 묶음 부분 위에 얹어 고정한다.

24-15. 백콤을 넣은 뒤 C컬을 잡으며 형태를 만든다.

24-16

24-16. 스타일 완성

응용 (25) 피스활용[S컬]

완성형-1

완성형-2

완성형-3

25-1~2. 블로킹 : 크라운 부분과 나머지 부분으로 나눈다.

25-3. 전방 45°로 모발을 들고 백콤을 넣어 모근에 볼륨감을 준다.

25-4~5. 뒤 방향으로 볼륨을 살려 빗질한 후 실핀으로 고정한다.

25-6. 오른쪽 사이드 부분도 동일한 방법으로 백콤을 넣어 볼륨을 준 뒤 실핀으로 고정한다.

25-7. 왼쪽 사이드도 동일하게 진행한다.

25-8~9. 네이프 부분도 패널의 윗부분에 백콤을 넣어 위로 쓸어올려 고정한다.

25-10. 피스를 G.P 부분에 고정한다.

25-11~12. 피스의 모발을 S컬을 만들며 시계방향으로 돌아가도록 진행한다.

25-13~15. S컬을 만들며 공간이 비어보이지 않도록 유의하고 양쪽 밸런스가 맞도록 진행한다.

25-16. 스타일 완성

응용 (26) 피스활용[말기]

완성형-앞

완성형-옆(좌)

완성형-옆(우)

완성형-뒤

26-1

26-2

26-3

26-1~3. 프린지 부분, Ear to Ear, 백부분 사선 섹션

26-4

26-5

26-4~5. 네이프 부분의 모발을 오른쪽 네이프 사이드 부분에 묶어 준 뒤 오른쪽 사이드 부분에서 모발을 가져와 묶은 부분을 감싸준다.

26-6

26-6. 모발을 롤로 말아 U핀으로 고정한다.

26-7

26-8

26-7~8. 백 부분에 남은 모발을 왼쪽 네이프 사이드 부분에 묶어 준 뒤 왼쪽 사이드 모발을 끌어와 묶은 부분을 가려준다.

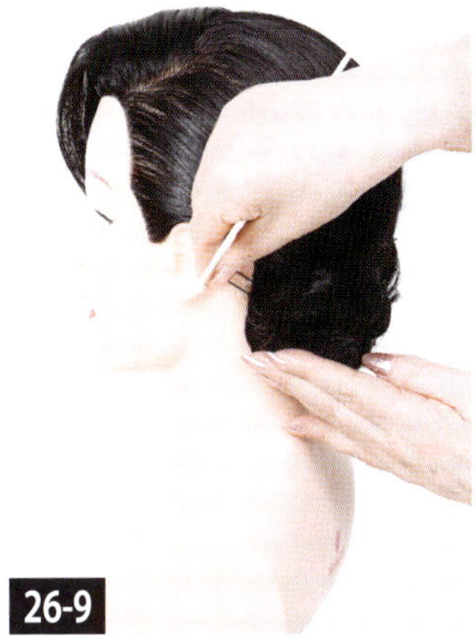
26-9

26-8. 모발 끝을 말아주어 U핀으로 고정한다.

26-10~11. 리본 피스를 네이프 부분에 고정한다.

26-12. 조금 더 큰 리본피스를 사용하여 윗부분에 고정한다.

26-13. 스타일 완성

응용 (27) 피스활용[땋은 모발 피스]

완성형-앞

완성형-옆(좌)

완성형-옆(우)

완성형-뒤

27-1. 블로킹 : 프린지 부분과 나머지 부분으로 나눈다.

27-2. 오른쪽 사이드 모발을 빗질하여 백부분과 연결해 고정한다.

27-3. 왼쪽 사이드 모발도 빗질하여 백부분과 연결하여 고정한다.

27-4. 네이프 부분에 모발을 묶어준다.

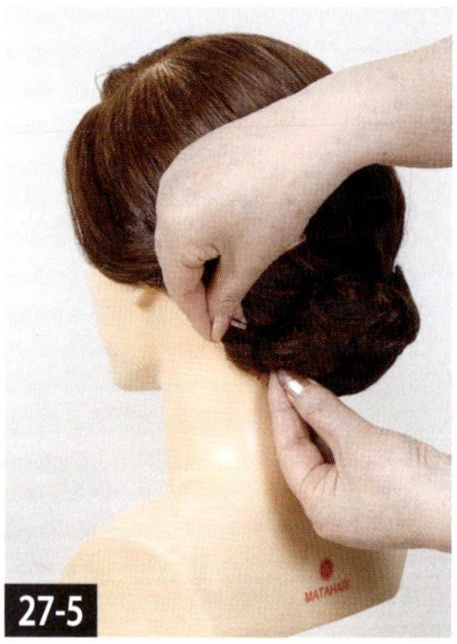

27-5~6. 망을 씌운 뒤 말아주어 네이프 부분에 안착시킨다.

27-7. 땋은 머리 피스를 왼쪽 부분에 고정한다.

27-8~9. 네이프 부분의 토대를 둥글게 감싸며 중간 중간 U핀과 실핀을 사용해 고정한다.

27-10~11. 피스 끝부분까지 말아 끝 쪽은 안쪽으로 밀어 넣어 U핀으로 고정한다.

27-12. 네이프 중앙은 원을 만들어 U핀으로 고정한다.

27-13. 스타일 완성

BASIC UPSTYLE PRO | 베이직 업스타일 프로 |

초　판 인쇄 | 2017년 9월 1일
초　판 발행 | 2017년 9월 8일
개정1판 발행 | 2021년 10월 8일

지은이 | 이재숙, 김환, 우선제, 김용순, 전소리, 문소희
발행인 | 조규백
발행처 | 도서출판 구민사
(07293) 서울특별시 영등포구 문래북로 116, 604호(문래동3가 46, 트리플렉스)

전화 | 02.701.7421~2
팩스 | 02.3273.9642
홈페이지 | www.kuhminsa.co.kr

신고번호 | 제2012-000055호(1980년 2월 4일)
ISBN | 979-11-5813-959-9(93590)

값 27,000원